3年生

Python（パイソン）3年生 機械学習のしくみ

体験してわかる！会話でまなべる！

森 巧尚 著

SE SHOEISHA

本書内容に関するお問い合わせについて

このたびは翔泳社の書籍をお買い上げいただき、誠にありがとうございます。
弊社では、読者の皆様からのお問い合わせに適切に対応させていただくため、以下のガイドラインへのご協力をお願いいたしております。
下記項目をお読みいただき、手順に従ってお問い合わせください。

ご質問される前に

弊社 Web サイトの「正誤表」をご参照ください。これまでに判明した正誤や追加情報を掲載しています。

正誤表　https://www.shoeisha.co.jp/book/errata/

ご質問方法

弊社 Web サイトの「刊行物 Q&A」をご利用ください。

刊行物 Q&A　https://www.shoeisha.co.jp/book/qa/

インターネットをご利用でない場合は、FAX または郵便にて、下記翔泳社愛読者サービスセンターまでお問い合わせください。電話でのご質問は、お受けしておりません。

回答について

回答は、ご質問いただいた手段によってご返事申し上げます。ご質問の内容によっては、回答に数日ないしはそれ以上の期間を要する場合があります。

ご質問に際してのご注意

本書の対象を越えるもの、記述個所を特定されないもの、また読者固有の環境に起因するご質問等にはお答えできませんので、あらかじめご了承ください。

郵便物送付先および FAX 番号

送付先住所　〒 160-0006　東京都新宿区舟町 5

FAX 番号　03-5362-3818

宛先　㈱翔泳社 愛読者サービスセンター

※本書に記載されたURL等は予告なく変更される場合があります。
※本書の対象に関する詳細は 8 ページをご参照ください。
※本書の出版にあたっては正確な記述につとめましたが、著者や出版社などのいずれも、本書の内容に対してなんらかの保証をするものではなく、内容やサンプルに基づくいかなる運用結果に関してもいっさいの責任を負いません。
※本書に掲載されているサンプルプログラムやスクリプト、および実行結果を記した画面イメージなどは、特定の設定に基づいた環境にて再現される一例です。
※本書に記載されている会社名、製品名はそれぞれ各社の商標および登録商標です。
※本書の内容は、2021 年 11 月執筆時点のものです。

はじめに

今Pythonはとても人気があります。特に人工知能の分野で注目を集めています。書店には、人工知能や機械学習の本がたくさん並んでいます。

しかし、多くの専門的な本はなんだか難しそうに思えますし、入門者向けの本でも難しい数式が書いてあってハードルが高そうな本もあります。もっとやさしく、数学が苦手でもわかる方法はないものでしょうか。どうやって動いているのかよくわからない機械学習のしくみを、やさしく具体的に理解してみたいものです。

この本は、そうした初心者の方が、機械学習はどんなしくみで動いているのか、をイメージできるようになるための本です。いつものように、ヤギ博士とフタバちゃんと一緒にやさしくまなんでいきましょう。

この本はシリーズになっていて、『Python1年生』で「Pythonとはどんなものか」、『Python2年生 スクレイピングのしくみ』で「データをどうやって集めるか」、『Python2年生 データ分析のしくみ』で「データ分析とはなにか」を理解できるようになります。そしてこの本では「機械学習はどんなしくみで動いているのか」をイメージできるところまで進みます。

機械学習といっても、怖いものではないんだ、私たちの生活を豊かにしてくれる「道具のひとつ」なんだと理解できれば、身近なものだと感じられます。身近に感じることができれば、機械学習を利用した身近なアイデアを思いつくかもしれません。

この本で、「機械学習という新アイテム」を手に入れ、それによって新たな視野が広がっていくきっかけになれば幸いです。

2021年11月吉日

森 巧尚

もくじ

第2章 サンプルデータを見てみよう

第3章 機械学習の手順を理解しよう

第4章 機械学習のいろいろなアルゴリズム

第5章 チノふたたび！　画像から数字を予測しよう

本書のサンプルのテスト環境

本書のサンプルは以下の環境で、問題なく動作することを確認しています。

OS：macOS
OSバージョン：11.1（Big Sur）
CPU：Intel Core i5
Pythonバージョン：3.7.12、3.8.8
Anaconda3バージョン：2021.05
各種ライブラリとバージョン
　pandas：1.3.4
　numpy：1.21.3
　matplotlib：3.4.3
　seaborn：0.9.0
　scipy：1.7.1
　scikit-learn：1.0.1

OS：Windows
OSバージョン：10 Pro
CPU：Intel Core i7
Pythonバージョン：3.7.12、3.8.8
Anaconda3バージョン：2021.05
各種ライブラリとバージョン
　pandas：1.3.4
　numpy：1.21.3
　matplotlib：3.4.3
　seaborn：0.9.0
　scipy：1.7.1
　scikit-learn：1.0.1

および**Google Colaboratory**

本書の対象読者と3年生シリーズについて

本書の対象読者

本書は機械学習の初心者や、これから機械学習をまなびたい方に向けた入門書です。会話形式で、機械学習のしくみを理解できます。初めての方でも安心して機械学習の世界に飛び込むことができます。

- **Pythonの基本文法は知っている方(『Python1年生』『Python2年生』を読み終えた方)**
- **機械学習の初心者**

3年生シリーズについて

3年生シリーズは、『Python1年生』『Python2年生』を読み終えた方を対象とした入門書です。ある程度、技術的なことを盛り込み、本書で扱う技術について身につけてもらいます。完結にまとめると以下の3つの特徴があります。

ポイント❶ 基礎知識がわかる

章の冒頭には漫画やイラストを入れて各章でまなぶことに触れています。冒頭以降は、イラストを織り交ぜつつ、基礎知識について説明しています。

ポイント❷ プログラムのしくみがわかる

必要最低限の文法をピックアップして解説しています。途中で学習がつまずかないよう、会話を主体にして、わかりやすく解説しています。

ポイント❸ 開発体験ができる

初めて機械学習をまなぶ方に向けて、楽しく学習できるよう工夫したサンプルを用意しています。

本書の読み方

本書は、初めての方でも安心して機械学習の世界に飛び込んで、つまずくことなく学習できるよう、ざまざまな工夫をしています。

ヤギ博士とフタバちゃんのほのぼの漫画で章の概要を説明

各章でなにをまなぶのかを漫画で説明します。

この章で具体的にまなぶことが、一目でわかる

該当する章でまなぶことを、イラストでわかりやすく紹介します。

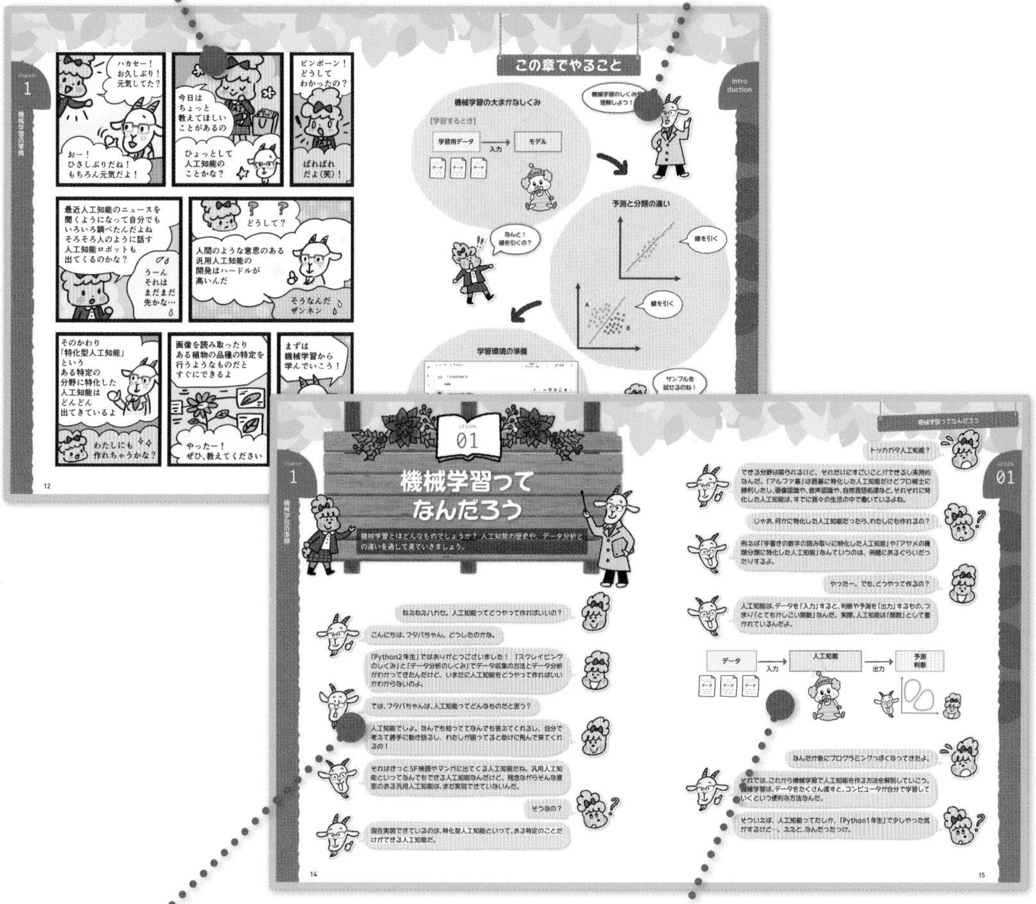

会話形式で解説

ヤギ博士とフタバちゃんの会話を主体にして、概要やサンプルについて楽しく解説します。

イラストで説明

難しい言いまわしや説明をせずに、イラストを多く利用して、丁寧に解説します。

サンプルファイルと特典データのダウンロードについて

付属データのご案内

付属データ（本書記載のサンプルコード）は、以下のサイトからダウンロードできます。

- **付属データのダウンロードサイト**

URL **https://www.shoeisha.co.jp/book/download/9784798166575**

注意

付属データに関する権利は著者および株式会社翔泳社が所有しています。許可なく配布したり、Webサイトに転載したりすることはできません。付属データの提供は予告なく終了することがあります。あらかじめご了承ください。

ダウンロードデータの使い方

【Colab Notebookの場合】

1. ブラウザで、URL https://www.google.co.jp/ を開き、右上のGoogleアプリ（9つの点）をクリックして「ドライブ」を選択して、Googleドライブを開きます。
2. ダウンロードした「MLtest」フォルダを、Googleドライブにドラッグ＆ドロップしてアップロードします。
3. 「MLtest」フォルダ内の「MLtestxx.ipynb」ファイルをダブルクリックするとColab Notebookが開きます。

【Jupyter Notebookの場合】

1. Anacondaを起動し、Jupyter Notebookの「Launch」ボタンをクリックすると、ブラウザでJupyter Notebookが開くので、保存したいフォルダを選びます。
2. 右上の「Upload」ボタンをクリックして、ダウンロードした「MLtestxx.ipynb」ファイルを選択します。その後「Upload」「Cancel」ボタンが現れるので「Upload」ボタンをクリックします。
3. 「MLtestxx.ipynb」ファイル（xxは章番号）をクリックするとNotebookが開きます。

注意

「MLtest_py」フォルダのpyファイルは、Notebookのプログラムを書き出したもので、このままでは使えません。必要な部分をコピーして、Notebookにペーストしてお使いください。

会員特典データのご案内

会員特典データは、以下のサイトからダウンロードして入手いただけます。

- **会員特典データのダウンロードサイト**

URL **https://www.shoeisha.co.jp/book/present/9784798166575**

免責事項

付属データおよび会員特典データの記載内容は、2021年11月現在の法令等に基づいています。

付属データおよび会員特典データに記載されたURL等は予告なく変更される場合があります。

付属データおよび会員特典データの提供にあたっては正確な記述につとめましたが、著者や出版社などのいずれも、その内容に対してなんらかの保証をするものではなく、内容やサンプルに基づくいかなる運用結果に関してもいっさいの責任を負いません。

付属データおよび会員特典データに記載されている会社名、製品名はそれぞれ各社の商標および登録商標です。

著作権等について

2021年11月
株式会社翔泳社　編集部

第1章
機械学習の準備

Chapter 1 機械学習の準備

この章でやること

Intro duction

機械学習のしくみを理解しよう！

機械学習の大まかなしくみ

【学習するとき】

予測と分類の違い

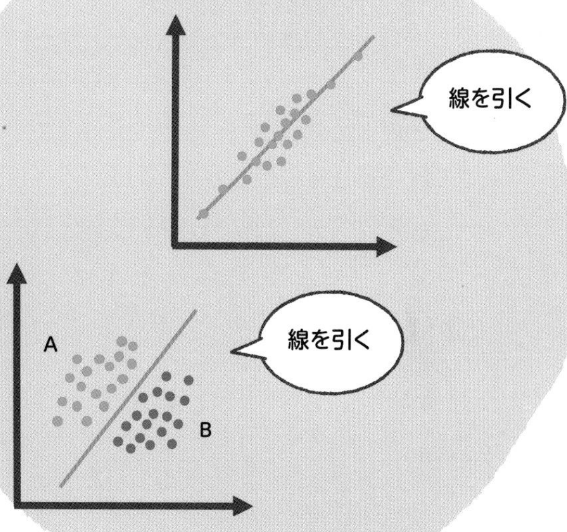

学習環境の準備

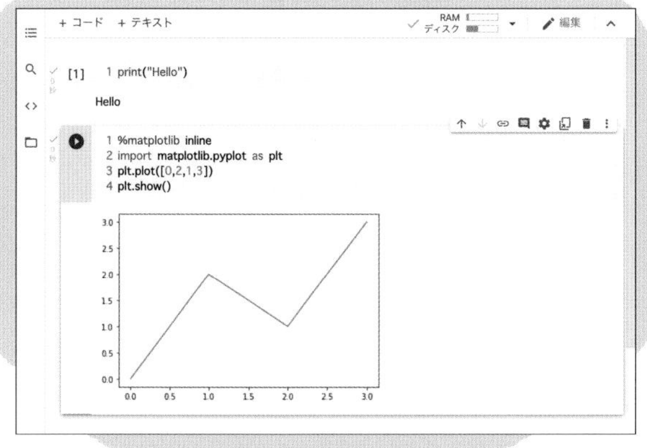

Chapter 1

機械学習の準備

LESSON 01

機械学習ってなんだろう

機械学習とはどんなものでしょうか？ 人工知能の歴史や、データ分析との違いを通して見ていきましょう。

ねえねえハカセ。人工知能ってどうやって作ればいいの？

こんにちは、フタバちゃん。どうしたのかな。

「Python2年生」ではありがとうございました！ 「スクレイピングのしくみ」と「データ分析のしくみ」でデータ収集の方法とデータ分析がわかってきたんだけど、いまだに人工知能をどうやって作ればいいかわからないのよ。

では、フタバちゃんは、人工知能ってどんなものだと思う？

人工知能でしょ。なんでも知っててなんでも答えてくれるし、自分で考えて勝手に動き回るし、わたしが困ってると助けに飛んで来てくれるの！

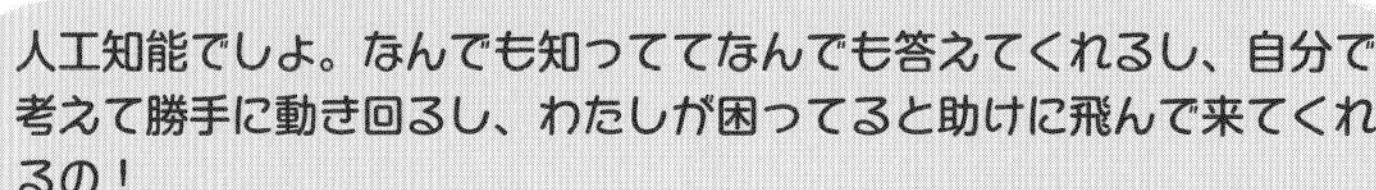

それはきっとSF映画やマンガに出てくる人工知能だね。汎用人工知能といってなんでもできる人工知能なんだけど、残念ながらそんな意思のある汎用人工知能は、まだ実現できていないんだ。

そうなの？

現在実現できているのは、特化型人工知能といって、ある特定のことだけができる人工知能だ。

トッカガタ人工知能？

できる分野は限られるけど、それだけにすごいことができるし実用的なんだ。「アルファ碁」は囲碁に特化した人工知能だけどプロ棋士に勝利したし、画像認識や、音声認識や、自然言語処理など、それぞれに特化した人工知能は、すでに我々の生活の中で働いているよね。

じゃあ、何かに特化した人工知能だったら、わたしにも作れるの？

例えば「手書きの数字の読み取りに特化した人工知能」や「アヤメの種類分類に特化した人工知能」なんていうのは、例題にあるぐらいだったりするよ。

やったー。でも、どうやって作るの？

人工知能は、データを「入力」すると、判断や予測を「出力」するもの、つまり「とてもかしこい関数」なんだ。実際、人工知能は「関数」として書かれているんだよ。

なんだか急にプログラミングっぽくなってきたよ。

それでは、これから機械学習で人工知能を作る方法を解説していこう。機械学習は、データをたくさん渡すと、コンピュータが自分で学習していくという便利な方法なんだ。

そういえば、人工知能ってたしか、「Python1年生」で少しやった気がするけど…。ええと、なんだったっけ。

じゃあ、おさらいからやっていこう。まず第１章で、機械学習とはどんなものかを解説して、第２章では、その機械学習で使うデータとはどんなものかを見てみるよ。

よかった。ずいぶん忘れちゃったからなー。

第３章で、いよいよ機械学習のプログラミングを体験だ。基本的な手順で作っていくよ。さらに第４章では、機械学習のいろいろな種類も紹介しよう。

楽しみ〜。

機械学習とは

人工知能とはどのようなものなのでしょうか。それを知るために、人工知能がどのように成長してきたかを見てみましょう。

人工知能は、1950年頃から研究されていて、これまで3回のブームがありました。

第1次人工知能ブームでは、「計算を使って迷路やパズルを解く人工知能」が作られました。ですが「知識」がないので、用意された計算はできるのですが、人間からの具体的な質問に答えるのは苦手でした。

そのためしばらく人工知能は下火になりました。しかしその後、「専門家の知識をコンピュータに入れる」というアイデアが生まれ、エキスパートシステムが作られました。「専門家の知識やルール」を入れることで人間の具体的な質問に答えることができるようになったのです。これが、第2次人工知能ブームです。しかし、「専門家の知識やルール」は、あらかじめすべて人間（開発者）が調べて用意しないといけません。作るには大変な労力が必要だとわかったのです。

そのためまた人工知能は下火になりました。しかしその後、インターネットが登場し、ネットを使ってデータをたくさん集められるという環境ができてきました。そこへ「たくさんのデータを使って、コンピュータ（機械）自身が自分で学習していく方法」が生まれました。これが「機械学習」です。データをどさっと渡して、「このデータのこの特徴に注目して学習しなさい」と指示するだけで、機械が自分で学習していく方法です。これにより、人工知能はまた盛り上がってきました。それが現在の第3次人工知能ブームの始まりです。

この機械学習ではさらにすごい方法が生まれました。人間が「この特徴に注目して学習しなさい」と指示しなくても、機械が自分で見つけてしまうという「ディープラーニング（深層学習）」です。現在人工知能というと、多くの場合「ディープラーニング（深層学習)」のことを指します。ディープラーニングもこの機械学習の1つの方法です。データをたくさん渡すだけで、人間だったら思いつかないような特徴にも注目して学習できるようになり、精度の高い学習ができるようになりました。

ディープラーニングは、人間の脳細胞をまねたニューラルネットワークを使って作られている非常に面白い技術です。ただ、それを解説するには大変なページ数が必要になるのでこの本では解説していません。その基本となるディープラーニング以外の機械学習について解説していきます。

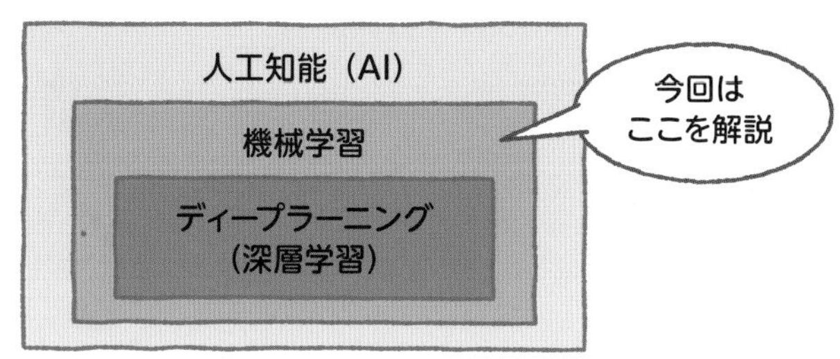

機械学習でやっていることはひとことでいうと、「ものが持っている特徴の法則性を学習させること」です。データの中から「これは重要な特徴だ」という特徴を見つけて、それを学習させる「モデル」を用意します。モデルとは最初は空箱のようなものですが、これに特徴データを渡すことで、学習していくのです。こうして学習できたものを「学習済みモデル」といいます。

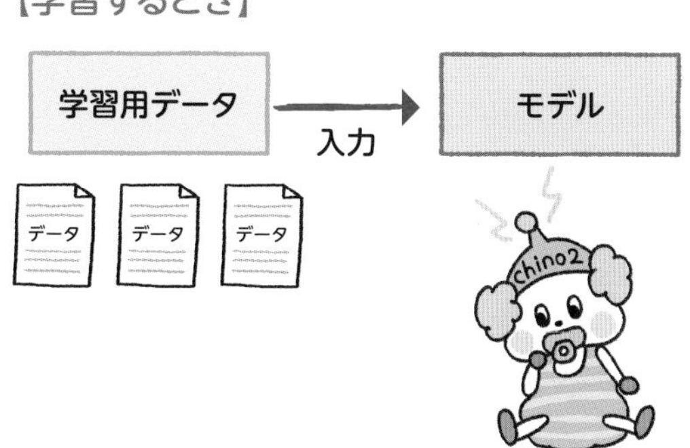

学習済みモデルができれば、これを使って予測ができるようになります。学習済みモデルに、「この場合は、どうなりますか？」と、調べたいデータを入力すれば、「その場合は、こうなるでしょう」と予測結果を出力してくれるようになるのです。

例えば、花の特徴を学習させて、「この花は何か」を予測することができますし、顔写真を学習させて、「この写真は誰か」を予測したり、過去の売り上げを学習させて、「今年の売り上げはいくらか」を予測するといったことができます。

ですから、機械学習の学習には、たくさんのデータが必要です。「少ないデータ」だと、偏った学習になることがありますし、「変なデータ」を使ったら、変な学習になってしまいます。つまり「データの量や質の良さ」は、学習の精度に影響します。機械学習では、「プログラムを書くこと」だけが重要なのではなく、「良いデータを、どうすれば用意できるかを考えること」も重要なのです。その意味でデータ収集やデータ分析は、機械学習ととても近いところにあります。

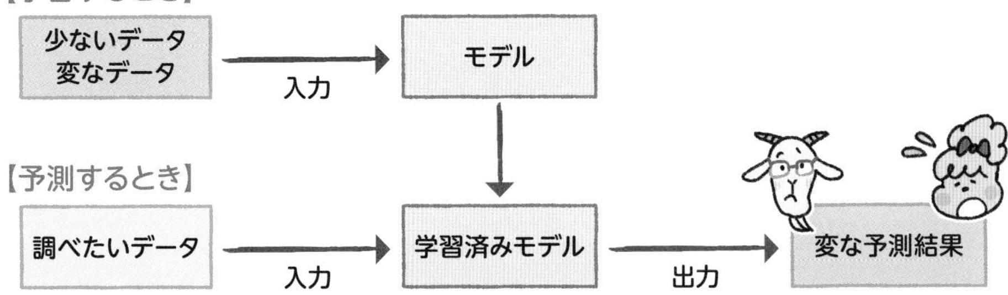

さて、この機械学習の種類には、大きく分けて3種類あります。

機械学習の種類

学習	内容
教師あり学習	数値や分類を予測する学習
教師なし学習	データをまとめる学習
強化学習	経験してうまくなる学習

教師あり学習

教師あり学習は、「数値や分類を予測する学習」です。「問題」と「答え」をたくさん用意して、学習させます。実際に教師がいるわけではなく、答えのことを「教師データ」と呼ぶので「教師あり学習」といいます。画像認識や文字認識やいろいろな予測など、身近なところでたくさん使われています。また「問題と答えを渡して、学習させる」という手法なので、初心者にイメージしやすい方法です。ですので本書では、この「教師あり学習」を中心に解説していきます。

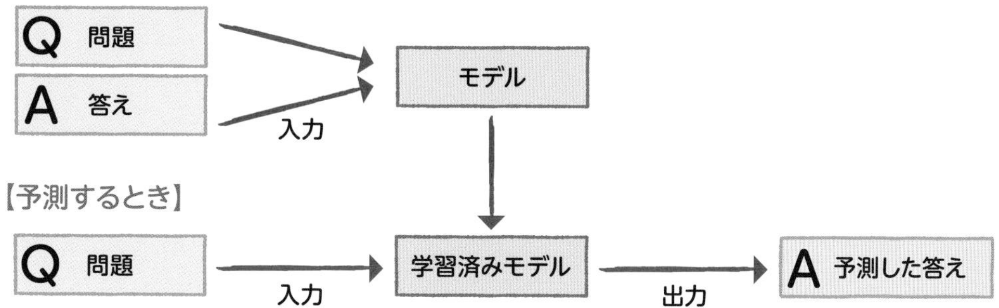

教師なし学習

教師なし学習は、「データをまとめる学習」です。「問題」だけ渡して「答え」は渡しません。「答え（教師データ）なし」で学習するので「教師なし学習」といいます。教師なし学習は、「答えを見つけるとき」ではなく、「たくさんのデータをまとめるとき」に使います。たくさんのデータをグループに分けてまとめることを「クラスタリング」といい、複雑なデータの特徴を簡潔にまとめることを「次元削減」といいます。

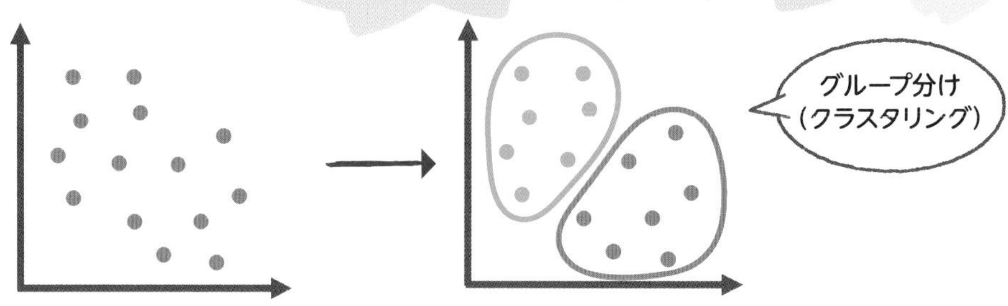

強化学習

強化学習は、「経験してうまくなる学習」です。

とりあえずいろいろ試してみて、良い結果が出たときに「報酬」を与えて強化していく学習方法です。たった1つの答えを見つけるのではなく、よりよい方法を見つけるための学習方法です。ロボットの制御や、将棋や囲碁などで使われています。

データ分析と機械学習の違い

フタバちゃん。機械学習の方法って、なんだかデータ分析と似てると思わない？

そうだね～。データをたくさん渡して、コンピュータが何かするから、似てる感じがする。

機械学習は、データ分析の延長上にあるんだ。つまり、Python2年生でやってきたデータ収集やデータ分析は、機械学習の下準備になっていたんだ。

なんと！　わたし、いつの間にか機械学習の準備ができてたのね！

「データをたくさん渡して、コンピュータが何かをする」という点では、データ分析も機械学習も似ています。ですが、「目的」に違いがあります。これについて考えてみましょう。

「データ分析」は、たくさんのデータを見て「これらのデータには、どんな特徴があって、どのような傾向があるだろう？」と、考えたり、説明するのが目的です。

たくさんのデータは、そのままの状態では理解しにくいので、「全体を1つの値で表現すると、こうなります」と、ざっくりと説明する方法があります。それが、平均値や中央値などの代表値です。しかし代表値でまとめてしまうと、全体としての特徴が見えにくくなります。そこで「全体のばらつき具合を数値で表現すると、こうなります」とばらつき具合を説明したものが、分散や標準偏差です。また、「全体の中でこの値は、普通のことなのか、珍しいことなのか」を説明するときに、自然なばらつきを表す正規分布を利用します。正規分布の 真ん中にあれば普通のこと、端っこにあれば珍しいことだと説明できます。

【代表値（1つの値で表そう）】　【標準偏差（ばらつき具合）】　【正規分布（普通のことか、珍しいことか）】

1つの値で表そう

代表値

ばらつき具合

標準偏差

普通のこと

珍しいこと

珍しいこと

正規分布

これに対し「機械学習」は、たくさんのデータで学習をしたあと、「この新しいデータの場合は、こうだと予測できます」と、予測を行うのが目的です。

例えば、「みかんとグレープフルーツの写真データ」を学習させてから、写真を見せると、「この写真はみかんです」とその写真に写っているものを予測します。「日本語の音声」を学習させてから、日本語で話しかけると、「『明日の天気は？』と質問しましたね」などと音声を予測します。「囲碁」を学習させたあと、囲碁の対戦を見せると、「次の手はこれです」と勝つ手を予測します。ロボットに「自転車に乗る方法」を学習させたあと、ロボットを自転車に乗せると、「すぐハンドルを切る。次はペダルを少し踏む」などと、リアルタイムに予測をし続けながら、ロボットをコントロールします。

つまり、「これまでは、こうなっていました」と、過去を説明するものが、データ分析で、「新しいこのデータの場合は、こうだと予測できます」と、未来を予測するものが、機械学習なのです。

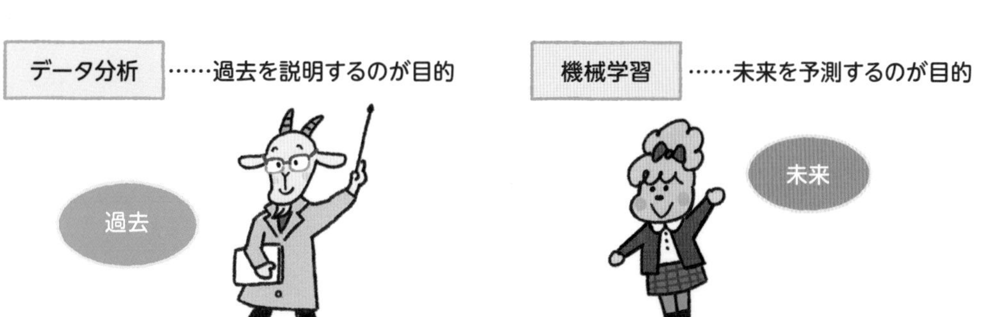

LESSON 02

分けることは、わかること

機械学習は、私たちの現実世界をどのように考えて予測しているのでしょうか。人間との考え方の違いについて見ていきましょう。

機械学習には、ほんとうにいろいろな種類があるんだよ。例えば、教師あり学習の中にも「回帰」と「分類」がある。

ややこしいなー。わたしは、1つだけでいいよ～。

いろいろあるってことは、それだけいろいろな使い道があるってことなんだよ。例えば、「回帰」は「連続的に変化する数値を予測するとき」に使える。

あれ？　回帰って、「データ分析のしくみ」でも出てきたよね？

そうだね。「データ分析のしくみ」の線形回帰では、散布図の上に直線を引いて「このデータには、このような傾向がある」と説明していた。でも、これを使って「この値のときには、こうなるだろう」と機械学習の予測にも使えるんだ。

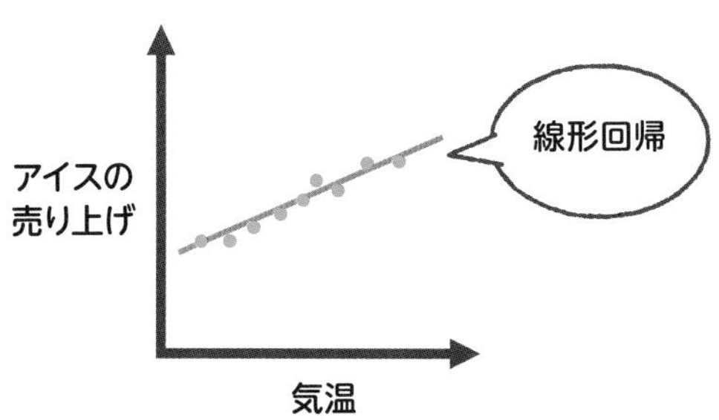

同じものを、データ分析にも機械学習にも使えるのね。

目的が違うんだね。これに対して、「分類」は「すでに学習したどの分類にあてはまるかを予測するとき」に使う。

どういうこと？

例えば、「みかんとグレープフルーツの写真」を学習させるとする。そのあと「別の写真」を見せて、それが、みかんなのか、グレープフルーツなのかを予想するのが分類だ。

「これは○○だ！」って言い当てるときに使うのが分類なのね。

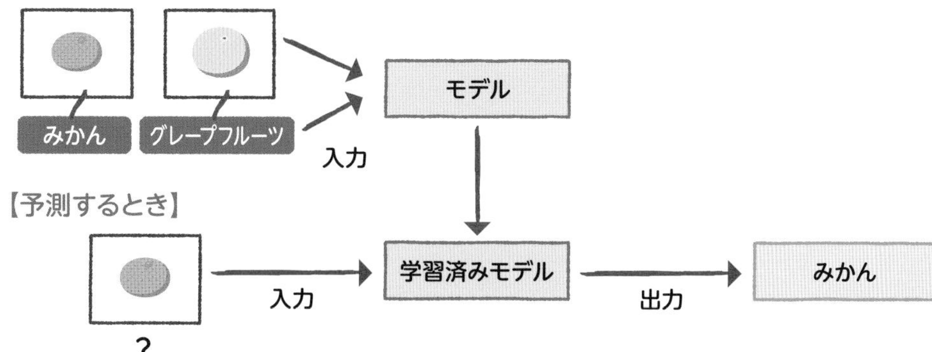

他にも、教師なし学習の「クラスタリング」という機械学習があるが、これは予測ではない。「たくさんのデータをグループ分けする」という別の用途で使うんだよ。

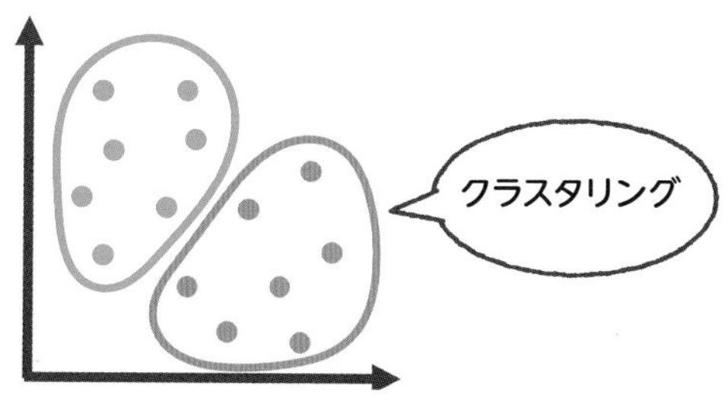

機械学習の用途の違い

回帰	ある値に関係する値がどんな数値になるかを予測するとき
分類	あるデータが、どの分類にあてはまるかを予測するとき
クラスタリング	たくさんのデータをグループ分けするとき

ハカセっ。「数値を予測する」っていうのは、なんだか人工知能っぽいって思えるけど、ただ分類したり、グループ分けするだけが、なんで人工知能なの？

いいところに気がついたね。実は、「分けることは、わかること」だからなんだ。

へ？

まず、私たちが行っている知的活動について考えてみよう。 私たちが「わかった！」と思ったとき、頭の中では何が起こっていると思う？ そのとき頭の中では、「知識を分けている」んだよ。

ワタシタチの頭の中？

フタバちゃんは、生まれて初めての知識は何か覚えてるかな？

え～。そんなの覚えてないよ。

それはきっと、「お母さんの顔」だよ。

あっ。確かにそうかも。

知らない人の顔が近づくと泣いちゃうけど、お母さんの顔が近づくと安心するよね。つまり、今見ているのが、お母さんなのかそうでないかをちゃんと分けて区別しているんだ。これが知識の始まりだ。

わたし、そんな小さい頃から知的活動を行っていたのね！

それは大きくなっても基本的に同じように行われる。教科書の意味を理解せずにただ丸暗記したようなときは、記憶した情報と別の情報がなぜ違うかをはっきり説明できない。つまり、よくわかっていない状態だ。でも「これはみかんだ。でも、あれは○○だから、みかんじゃない」と違いをはっきり区別できるようになったとき、初めて「わかった」といえる。

違いをはっきり区別できるようになったときが「わかった」ってことなのね。

そう。自分の中で「AとBをしっかり分ける基準ができたとき」が、わかるということだ。

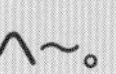

これは、漢字にも現れているよ。「わかる」という言葉は、漢字で書くと「分かる」「解る」「判る」などになるけれど、「分」は分けるという意味だし、「解」もバラバラに分けるという意味だし、「判」も是非を分けてはっきりさせるという意味だ。

つまり、「データを分類する、分ける」ということは、「私たちがものごとを理解する知的活動と似たところにある」ということなんだよ。

「わかる」って奥が深いんだね～。

機械学習のアルゴリズムでやっていることは「線を引くこと」

ハカセっ。「予測」や「分類」って、私たちだったら、頭でいろいろ考えればできると思うんだけど、機械学習ではどうやってるの？

実は機械学習は、私たちと同じように考えているわけではないんだ。「線を引く」という方法で考えているんだよ。

えっ？　線を引く？

例えば、相関の強いデータを散布図にすると、点が並んでいるように見える。これに「うまく線を引いたもの」が、回帰だよね。この「線」を使えば、新しい値ではどうなるかを「予測」することができる。

【回帰（予測の線）】

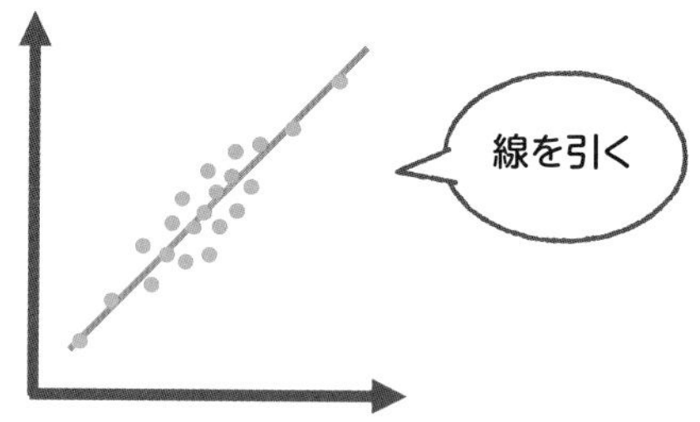

そっか。これって、線だよね。

この線を引くとき、「だいたいこのあたりかなあ」って適当に線を引くよね。でも、コンピュータは「一番誤差が少なくなるような線」を見つけることができる。

なるほど。かしこい線を引けるってわけか。じゃあ「分類」は？

これも図にしてみるとわかりやすいよ。例えば、AとBの２グループのデータを散布図にすると、2つの塊が見えてくる。この2つの塊に「うまく分けられるように、境界線を引いたもの」が分類だ。この「境界線」を使えば、新しい値がどちらに分類されるかを調べることができるよね。

【分類、クラスタリング（分類の境界線）】

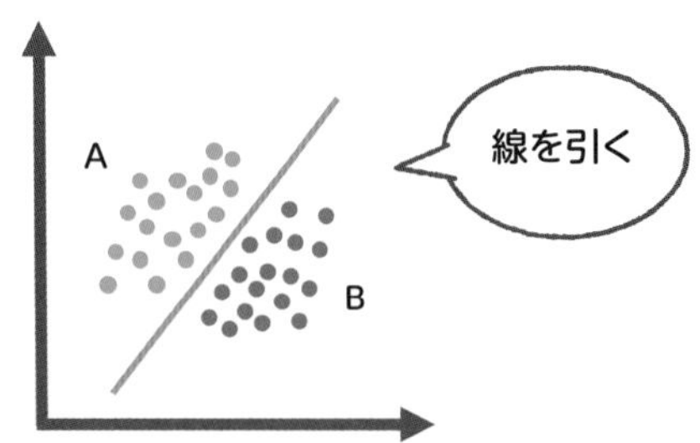

おおぉ！　境界線も線だぁ。

これも、私たちだったら「だいたいこのあたりかなあ」って、適当に線を引くけれど、コンピュータの場合は、見つけた法則性に従って、最適な境界線を引けるんだよ。

法則性？

これを、機械学習のアルゴリズムというんだけど、これについては4章で説明するね。

楽しみだね。

線って重要なんだよ。回帰でも分類でも、「線をいかにうまく引けるか」が、予測や分類の精度につながってくる。

だよね。線をうまく引けないと、予測はうまくできないと思うよ。

線をうまく引けないのは「はっきりわかっていない状態」で、線をうまく引けるのは「はっきりわかった状態」だ。つまり機械学習では、線が、わかるの本質なんだよ。

でも、絶対に間違えない線なんて、引けるの？

いいところに気がついたね。あくまで学習データによって求められる線なので、いい学習をすれば確率的に間違いは起こりにくいけれど、絶対に間違えないわけじゃない。確率は低いけれど間違えることもあるんだ。

えっ。じゃあだめじゃん。使えないなあ。

人間だって間違えることはあるでしょ。しかも疲れてきたら間違いも増えてくる。でも、機械学習は人間と同じかそれ以上の正解率で、疲れ知らずでずっと働き続けてくれるんだよ。

そっか。そう考えれば、わたしたちの代わりに働いてくれているんだもんね。音声認識で聞き間違いされても、笑って許してあげようっと。

うまく分けるためには、意味のある特徴量が重要

機械学習を行うには、まず現実世界にあるものの性質や状況をデータ化して、コンピュータに取り込むところから始めます。この「現実世界の性質や状況の測定できるデータ」のことを、「特徴量」といいます。

例えば、「花のデータ」を取り込もうとしたとき、「花の大きさ」「花びらの色」「花びらの幅」「花びらの長さ」など、計測できる特徴をデータ化します。測定して取り込むことができる特徴の量なので「特徴量」といいます。

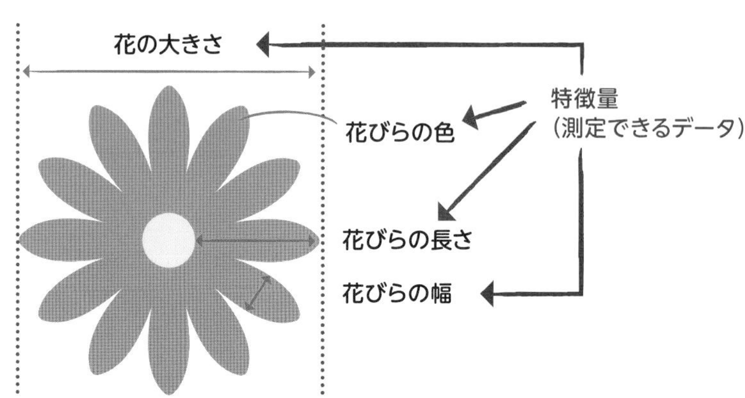

ただし、この特徴量には、予測にとって重要なものもあれば、予測にとって意味のないものもあります。意味のない特徴量をいくら学習しても、うまく学習できません。いかに意味のある特徴量を使うかが学習には重要になります。

予測にとって意味のある特徴量、つまり「予測の根拠になるもの」を「説明変数」といいます。そして「予測される結果」のことを「目的変数」といいます。

機械学習では、この説明変数と目的変数を使って、学習したり予測を行います（あまり区別せずに説明変数のことを特徴量という場合もあります）。

【学習するとき】
説明変数 →（入力）→ モデル

【予測するとき】
調べたいデータ →（入力）→ 学習済みモデル →（出力）→ 目的変数（予測）

さて、学習をするとき、説明変数をいくつ使うかによって予測の詳しさが変わります。

単純なデータなら、1つの説明変数だけで予測できそうですが、複雑なデータだと1つではうまく予測できない場合があります。そういうときは、説明変数を2つ3つと増やして予測精度を上げることを考えます。ただし、「説明変数を増やす」ということは、それだけ必要なデータが増えてくるので、バランスが大事です。

説明変数をいくつ使うかを「次元」ともいいます。説明変数を1つ使うなら「1次元」、2つ使うなら「2次元」、3つ使うなら「3次元」です。

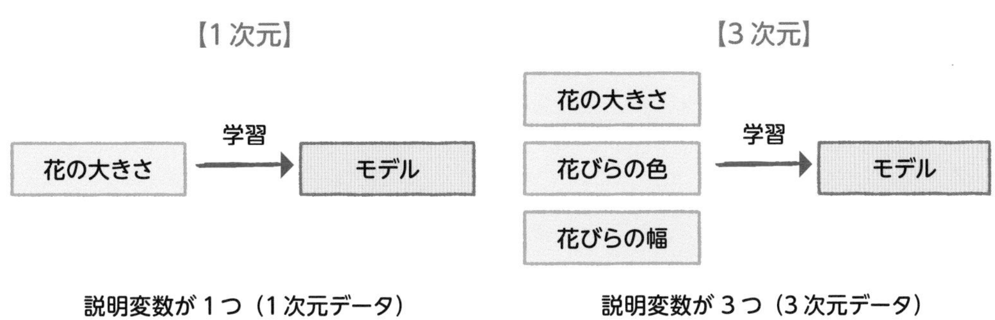

LESSON 03

機械学習の準備をしよう

機械学習は、Colab Notebook や、Jupyter Notebook を使うと、少しずつ試しながら実行できるので便利です。その準備をしましょう。

ハカセっ。人工知能を作るには、どんな準備が必要なの？

データを少しずつ順番に処理しながら進めていきたいので、データ分析でよく使うJupyter Notebook（ジュピターノートブック）があるといいね。

わたし、このまえパソコンを買い替えちゃったから、またインストールしないといけないんだよなぁ。

じゃあ、パソコンを買い替えても、ずっと使い続けられる方法もあるよ。Google Colaboratory（グーグルコラボラトリー）というGoogle版のJupyter Notebookだ。Googleのアカウントがあれば、すぐに使えるんだよ。

そんなのあるの！

多少の違いはあるけど、ほとんど同じように使えるよ。この本ではどちらでも使えるプログラムで解説していこうと思う。Colaboratoryは、グラフの中に日本語が表示できないので残念だけど、アプリのインストールがいらないし、ライブラリのインストールもほぼ不要なので、すぐに始められるのがメリットだ。

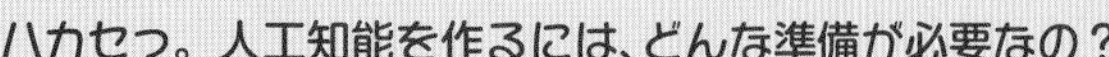

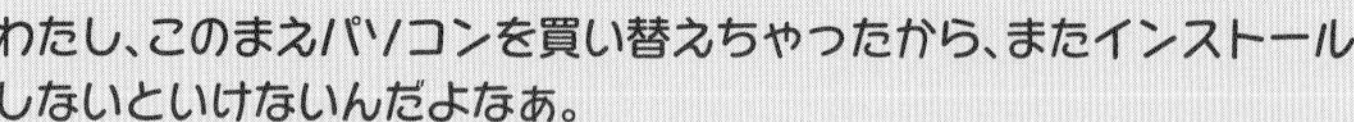

なんと！　Colaboratoryにしてみようかなあ。

プログラムを入力して実行するページを、Colab Notebook（コラボノートブック）というんだ。じゃあ、Colab NotebookとJupyter Notebookについて解説していくね。

どっちも、ノートブックなんだね。

Colab NotebookやJupyter Notebookは、プログラムを書いて実行すると、実行結果がすぐ下に表示されます。テキストでメモを書き足すこともできるので、「実行の様子をノートのように書いて残せるシステム」なのです。入力や表示には「ブラウザ」を使います。

※この本では、Colab Notebookを中心に解説をしていきます。しかし『Python 2年生 データ分析のしくみ』を読んで、すでにJupyter Notebook環境がある人は、Jupyter Notebookを使っていただいても大丈夫です。その場合は、40ページの「Jupyter Notebookにライブラリをインストール」へ進んでください。

※Google Colaboratoryには、無料版と有料版があります。有料版は、本格的なデータを扱えるように、実行時間が長く、使用できるメモリも多くなっていますが、学習で使うには無料版で問題ありません。

Colab Notebookを準備する方法

Google Colaboratory（Colab Notebook）を使うには、Googleアカウントが必要です。まずは、Googleアカウントを作ってください。使うブラウザにはChromeが推奨されています。Safariや、Firefoxでも一応動くようです。

保存したデータは、クラウド上のGoogleドライブに保存されますので、同じGoogleアカウントでログインすれば、別のパソコンやiPadなどで続きの作業を行うことも可能です。

1 Google Colaboratoryにアクセスする

ブラウザ（Chrome、Safari、Firefox）で、以下のアドレスにアクセスしてください。

- **https://colab.research.google.com/**

ノートブックのダイアログが表示されます。ここから、❶［ノートブックを新規作成］をクリックしてノートブックの新規作成をしたり、❷以前作ったノートブックを開いたりすることができます。

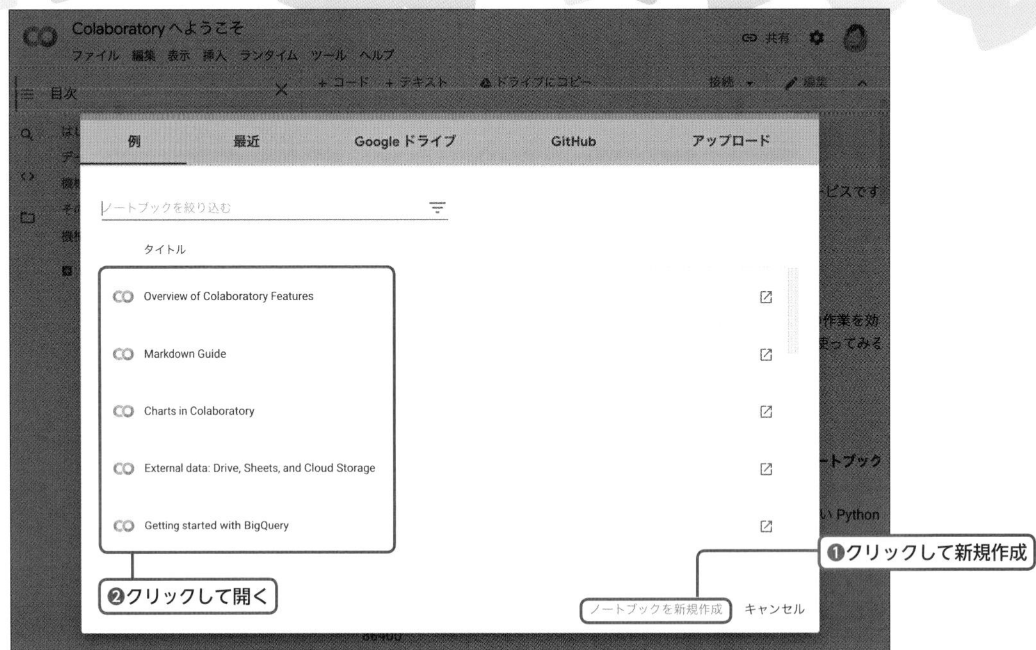

Googleアカウントでログインしていない場合は、「Colaboratoryへようこそ」というノートブックが表示されます。右上の❶［ログイン］ボタンをクリックして、ログインしてください。

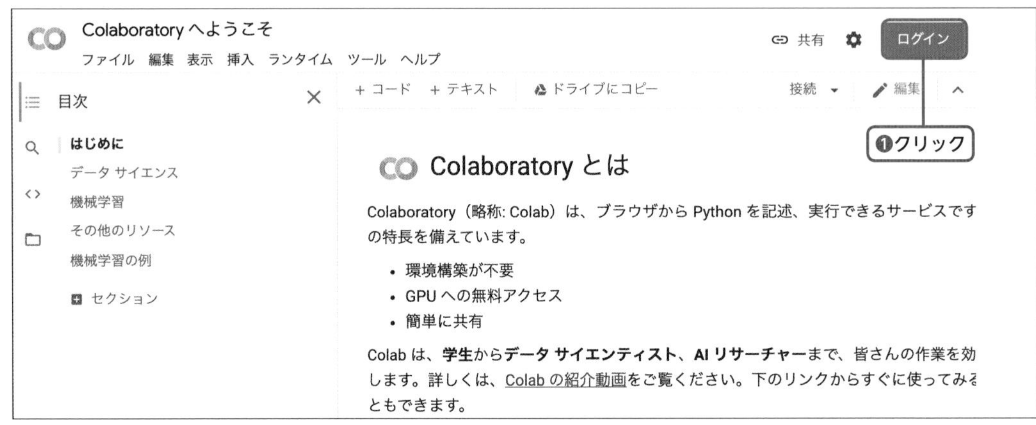

② ノートブックファイルを新規作成する

ノートブックのダイアログの下の「ノートブックを新規作成」をクリックすると、新しいノートブックが作成されて、表示されます。

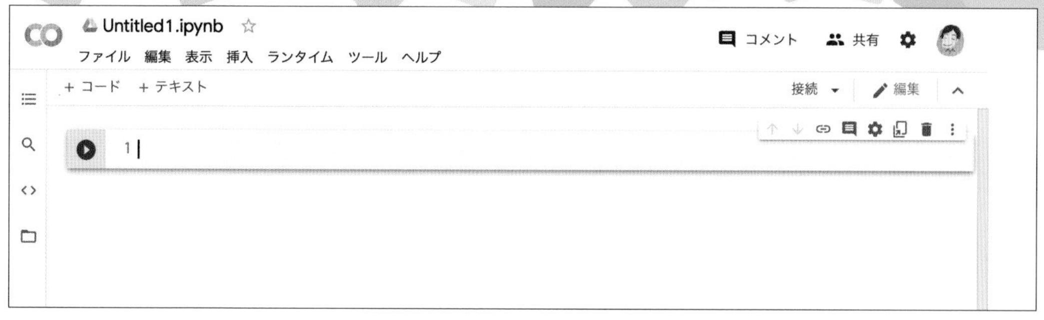

③ノートブックファイルの名前を変更する

画面左上の「Untitled1.ipynb」が、ノートブックのファイル名です。❶クリックすると変更できますので、「MLtest1.ipynb」などのわかりやすい名前に変更しましょう。

以上で、準備は終了です。

Google Colaboratory（Colab Notebook）では、本書で使うライブラリ（pandas、numpy、matplotlib、seaborn、scipy、scikit-learn）は、すでにインストール済みですので、このまますぐに使えます。47ページの「ノートブックの基本的な使い方」へ進んでください。

インストールされているライブラリを確認したいときは、セルに「!pip list」と入力して実行してください。

Python環境の違い

Python環境	特徴
IDLE	Pythonを手軽に試せるアプリ。Pythonをインストールすると、一緒にインストールされるPythonの付属アプリ。小さなプログラムファイルを作って実行するのに適している。
Jupyter Notebook	Anaconda（34〜46ページ参照）をインストールして、ブラウザ上でPythonを実行できるシステム。データ分析や人工知能などの開発に適している。パソコン上にインストールされているのでオフラインでも使える。
Google Colaboratory（Colab Notebook）	Googleアカウントでログインして、ブラウザ上でPythonを実行できるシステム。インストール不要で使える。データ分析や人工知能などの開発に適している。Googleアカウントでログインすれば、別のパソコンやiPadなどで続きを行うことも可能。クラウド上で動くシステムなので、ネットワークにつながっている必要がある。

WindowsにJupyter Notebookをインストールする

Jupyter Notebook（ジュピターノートブック）は、Anaconda Navigator（アナコンダナビゲーター）から起動して動かします。ですから、Anaconda NavigatorをWindowsにインストールしましょう。次のような手順で行います。

① Anacondaのインストーラーをダウンロードする

まず、Anacondaのサイトから、インストーラーをダウンロードします。

Windowsでダウンロードページにアクセスして❶下にスクロールします。「Windows」「Python 3.x」の❷［Graphical Installer］をクリックしましょう。「64-Bit」版と「32-Bit」版のどちらをインストールするかは、［スタート］→［設定 ］→［システム］→［バージョン情報］の「システムの種類」で確認してください。

<Anacondaのダウンロードページ>
https://www.anaconda.com/products/individual

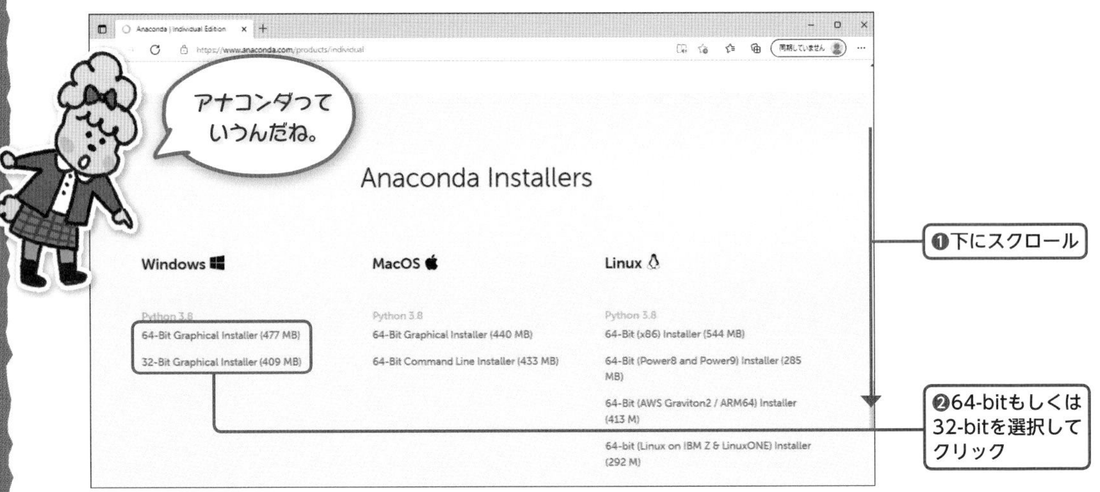

※上記のブラウザは Microsoft Edge を利用しています。

② インストーラーを実行する

ダウンロードが完了したら、❶「ファイルを開く」をクリックして、インストーラー❷［Anaconda3-20xx.xx-Windows-x86_64（またはx86）.exe］をダブルクリックし、実行します。

※インストーラーの xx の部分はバージョンによって異なります。

③ インストーラーの項目をチェックする

インストーラーの起動画面が現れます。各画面の❶［Next >］❷［I Agree］❸［Next >］❹［Next > ］❺［Install］の各ボタンをクリックして、インストールを進めます。

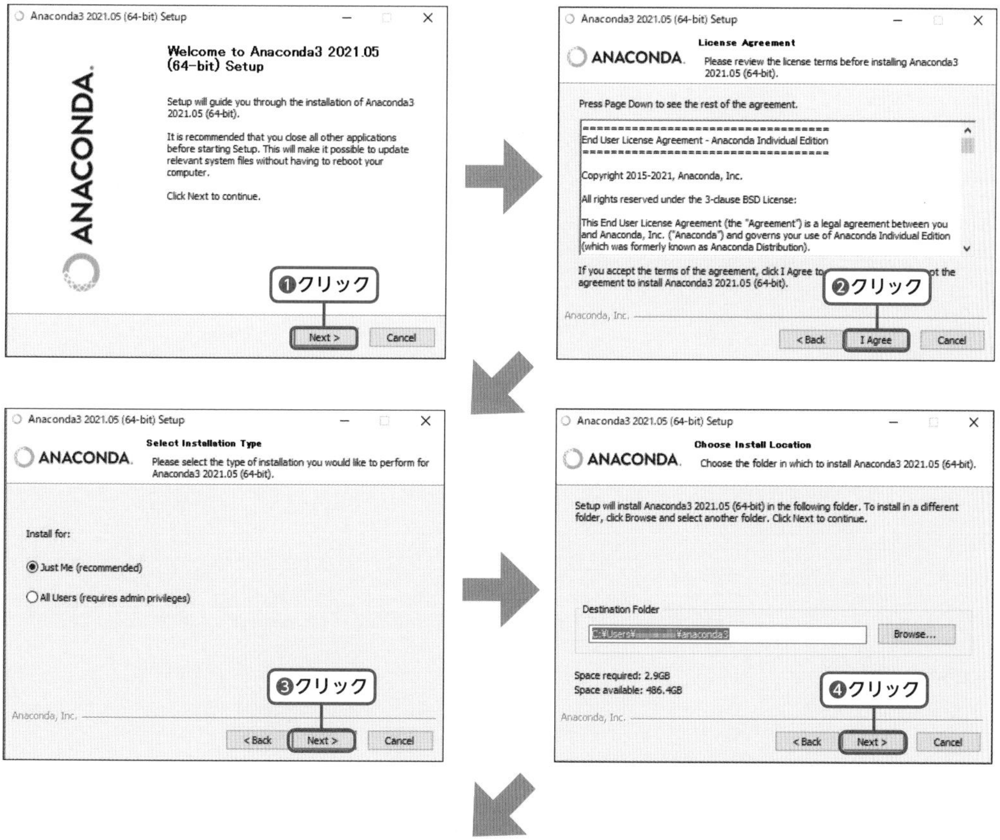

Anaconda3 2021.05 (64-bit) Setup
ANACONDA.
Welcome to Anaconda3 2021.05 (64-bit) Setup
Setup will guide you through the installation of Anaconda3 2021.05 (64-bit).
It is recommended that you close all other applications before starting Setup. This will make it possible to update relevant system files without having to reboot your computer.
Click Next to continue.
❶クリック
Next > Cancel

Anaconda3 2021.05 (64-bit) Setup
ANACONDA.
License Agreement
Please review the license terms before installing Anaconda3 2021.05 (64-bit).
Press Page Down to see the rest of the agreement.
End User License Agreement - Anaconda Individual Edition
Copyright 2015-2021, Anaconda, Inc.
All rights reserved under the 3-clause BSD License:
This End User License Agreement (the "Agreement") is a legal agreement between you and Anaconda, Inc. ("Anaconda") and governs your use of Anaconda Individual Edition (which was formerly known as Anaconda Distribution).
If you accept the terms of the agreement, click I Agree to ... pt the agreement to install Anaconda3 2021.05 (64-bit).
❷クリック
Anaconda, Inc.
< Back I Agree Cancel

Anaconda3 2021.05 (64-bit) Setup
ANACONDA.
Select Installation Type
Please select the type of installation you would like to perform for Anaconda3 2021.05 (64-bit).
Install for:
Just Me (recommended)
All Users (requires admin privileges)
❸クリック
Anaconda, Inc.
< Back Next > Cancel

Anaconda3 2021.05 (64-bit) Setup
ANACONDA.
Choose Install Location
Choose the folder in which to install Anaconda3 2021.05 (64-bit).
Setup will install Anaconda3 2021.05 (64-bit) in the following folder. To install in a different folder, click Browse and select another folder. Click Next to continue.
Destination Folder
C:¥Users¥■■■■¥anaconda3
Browse...
Space required: 2.9GB
Space available: 486.4GB
❹クリック
Anaconda, Inc.
< Back Next > Cancel

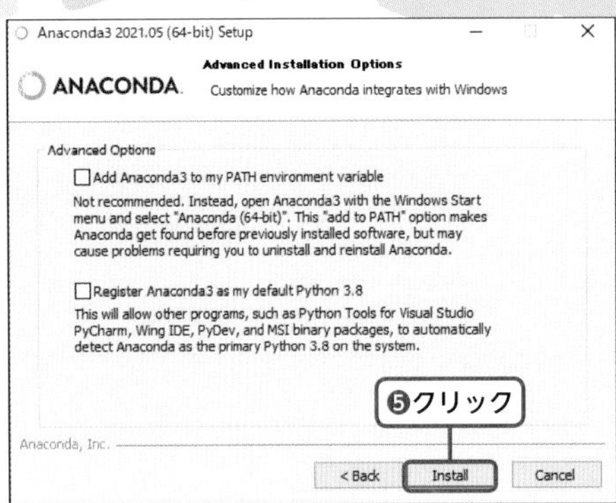

④インストーラーを終了する

インストールが完了したら「Installation Complete」と表示されます。❶［Next >］ボタンをクリックし、❷［Next >］ボタンをクリックし、❸［Finish］ボタンをクリックして、インストーラーを終了しましょう。

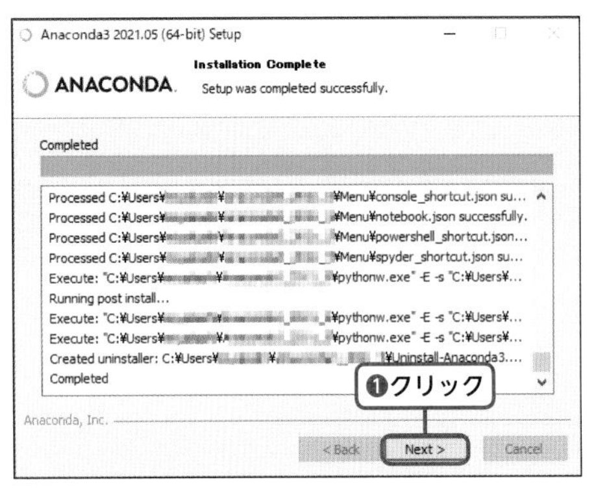

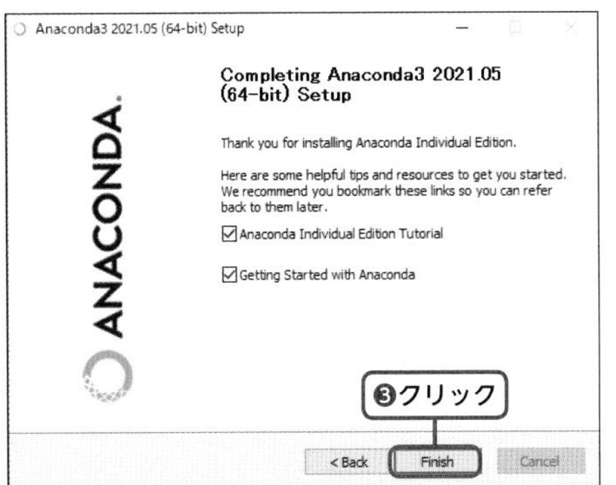

macOSにJupyter Notebookをインストールする

Jupyter Notebook（ジュピターノートブック）は、Anaconda Navigator（アナコンダナビゲーター）から起動して動かします。ですから、Anaconda NavigatorをmacOSにインストールしましょう。次のような手順で行います。

1 Anacondaのインストーラーをダウンロードする

まず、Anacondaのサイトから、インストーラーをダウンロードします。

macOSでダウンロードページにアクセスして、❶下にスクロールします。「MacOS」「Python 3.x」の❷［64-Bit Graphical Installer］をクリックしましょう。

<Anacondaのダウンロードページ>
https://www.anaconda.com/products/individual

macOSもあるのね！

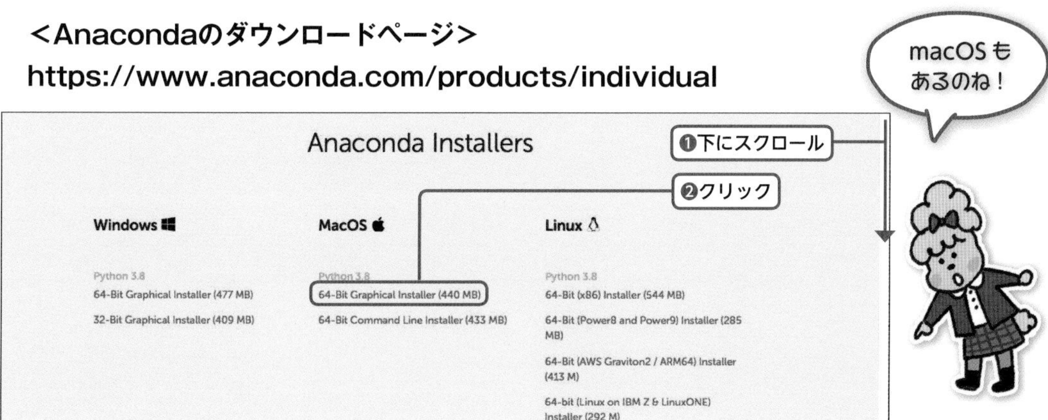

※上記のブラウザはSafariを利用しています。

2 インストーラーを実行する

ダウンロードしたインストーラー❶［Anaconda3-20xx.xx-MacOSX-x86_64.pkg］をダブルクリックして実行しましょう。

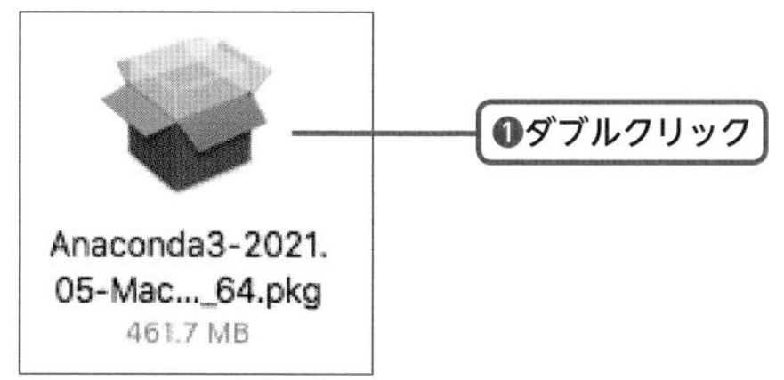

※インストーラーのxxの部分はバージョンによって異なります。

③ インストールを進めます。

「はじめに」「大切な情報」「使用許諾契約」の画面で❶❷❸［続ける］ボタンをクリックし、同意のダイアログで❹［同意する］ボタンをクリックします。❺［続ける］ボタンをクリックします。

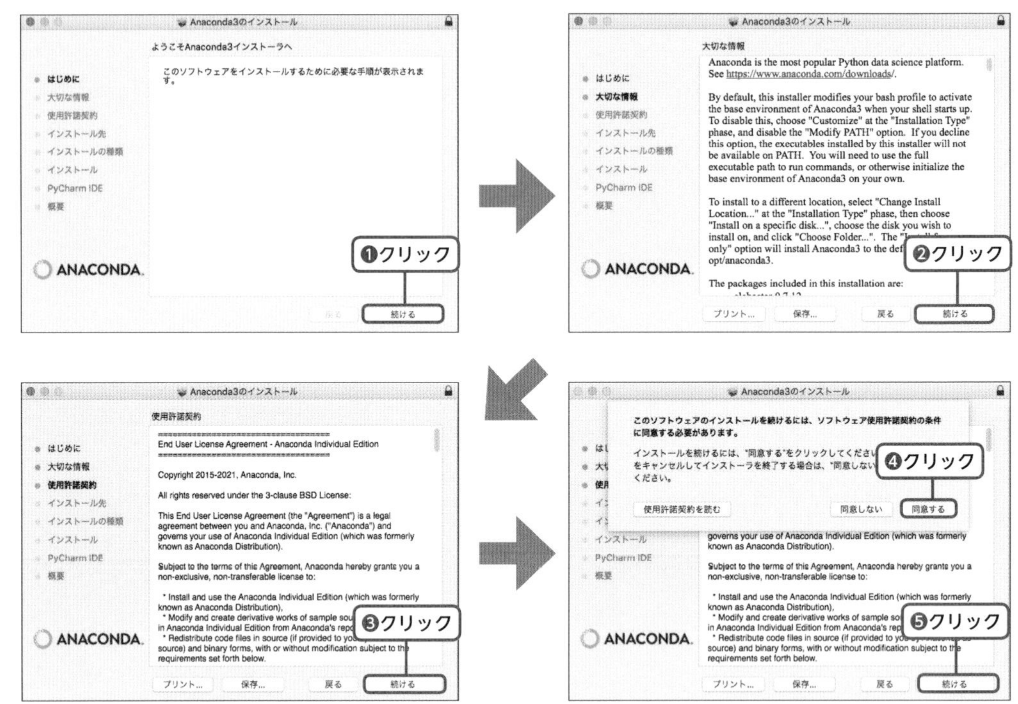

④ macOSへインストールする

❶「自分専用にインストール」を選択して❷［続ける］ボタンをクリックし、❸［インストール］ボタンをクリックし、❹ユーザ名とパスワードを入力して、❺［ソフトウェアをインストール］ボタンをクリックしてインストールを行います。

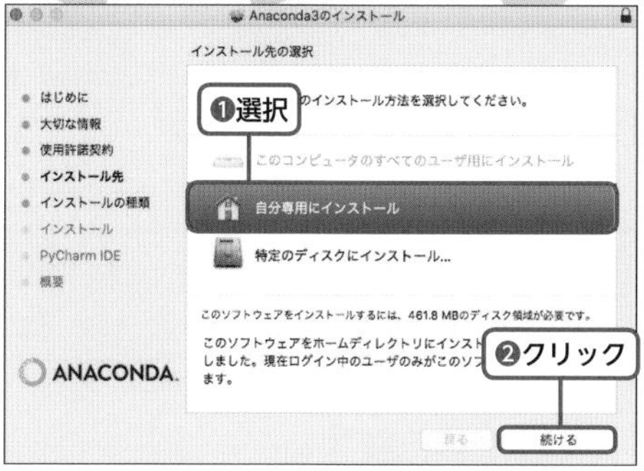

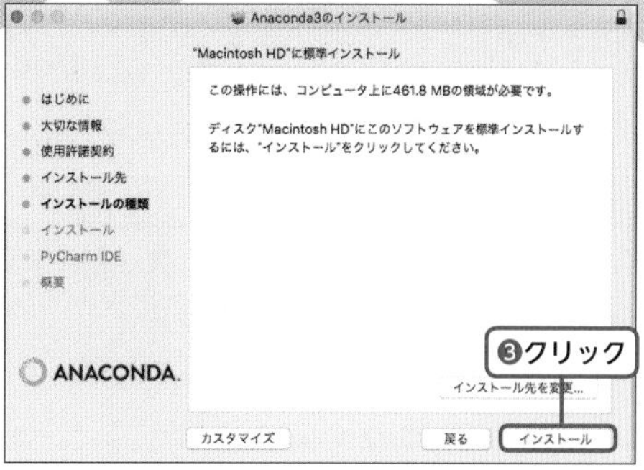

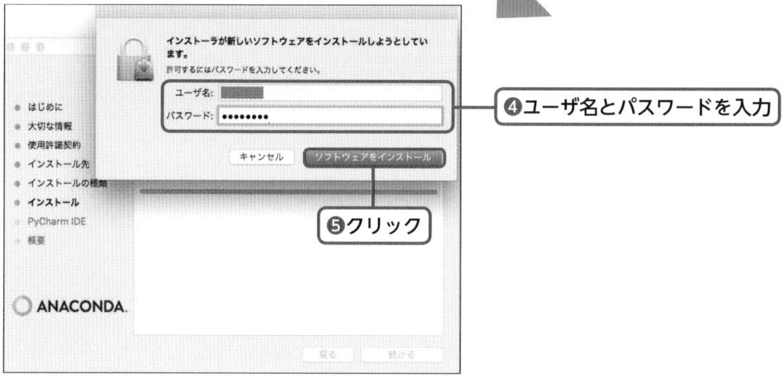

❶選択
❷クリック
❸クリック
❹ユーザ名とパスワードを入力
❺クリック

5 インストーラーを終了する

しばらくすると、「PyCharm IDE」の画面が表示されます。❶［続ける］ボタンをクリックします。すると「インストールが完了しました。」と表示されます。❷［閉じる］ボタンをクリックして、インストーラーを終了しましょう。

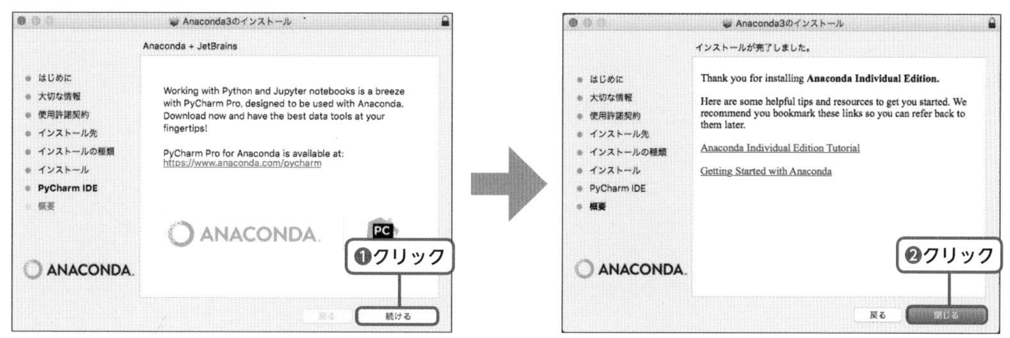

Jupyter Notebookにライブラリをインストールする

Jupyter Notebookの環境を持っている人は、Jupyter NotebookのAnaconda Navigatorに、ライブラリを手動でインストールして使います。本書では「pandas、numpy、matplotlib、seaborn、scipy、scikit-learn」のライブラリを使いますので、インストールしましょう（すでにインストール済みの人は、47ページの「ノートブックの基本的な使い方」へ進んでください）。

1 Environmentsを選択する

まず、Anaconda Navigatorで❶［Environments］を選択します。

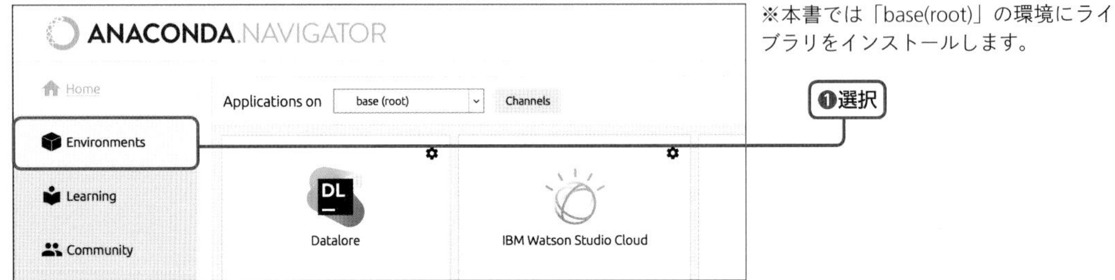

※本書では「base(root)」の環境にライブラリをインストールします。

2 pandas（パンダス）をインストールする

❶［All］を選択してから、❷検索窓に「pandas」と入力すると、「pandas」の項目が表示されます。❸［pandas］にチェックを付けて、右下の❹［Apply］ボタンをクリックし、現れる確認ダイアログでも❺［Apply］ボタンをクリックすると、インストールされます。

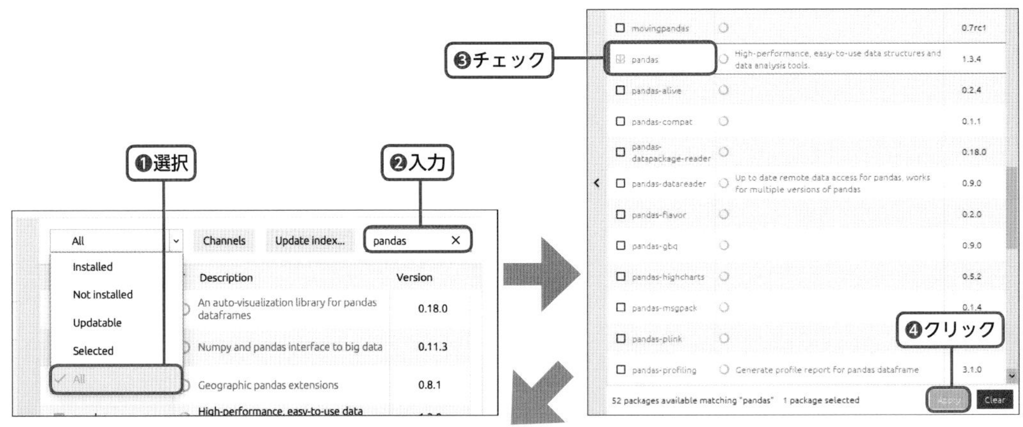

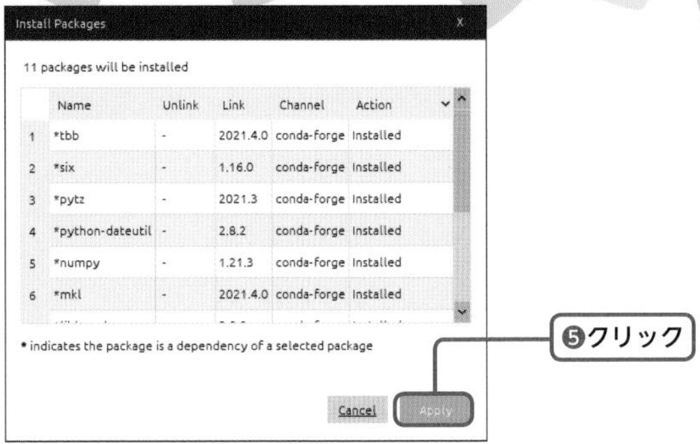

③ numpy（ナンパイ）をインストールする

同じように、検索窓で「numpy」と入力して、「numpy」にチェックを付けて、[Apply] ボタンをクリックしてインストールします。

☑ numpy	◯	Array processing for numbers, strings, records, and objects.	1.21.3

④ matplotlib（マットプロットリブ）をインストールする

同じように、検索窓で「matplotlib」と入力して、「matplotlib」にチェックを付けて、[Apply] ボタンをクリックしてインストールします。

☑ matplotlib	◯	Publication quality figures in python	3.4.3

⑤ seaborn（シーボーン）をインストールする

同じように、検索窓で「seaborn」と入力して、「seaborn」にチェックを付けて、[Apply] ボタンをクリックしてインストールします。

☑ seaborn	◯	Statistical data visualization	0.9.0

⑥ scipy（サイパイ）をインストールする

同じように、検索窓で「scipy」と入力して、「scipy」にチェックを付けて、［Apply］ボタンをクリックしてインストールします。

☑ scipy	Scientific library for python	1.7.1

⑦ scikit-learn（サイキットラーン）をインストールする

同じように、検索窓で「scikit-learn」と入力して、「scikit-learn」にチェックを付けて、［Apply］ボタンをクリックしてインストールします。

☑ scikit-learn	A set of python modules for machine learning and data mining	1.0.1

scikit-learn（サイキットラーン）は、機械学習をまなぶのに便利なライブラリだ。初めて機械学習に触る人のために、親切にできているんだよ。機械学習に使えるサンプルデータセットやアルゴリズムがいろいろが入っている。さらに架空のサンプルデータを作り出すこともできるんだ。

Jupyter Notebookを起動しよう

Jupyter Notebookを使うには、まずAnaconda Navigatorを起動して、そこから起動します。

1-1 Windowsではスタートメニューから起動する

❶［スタート］をクリックして、❷［Anaconda3］→❸［Anaconda Navigator］を選択しましょう。

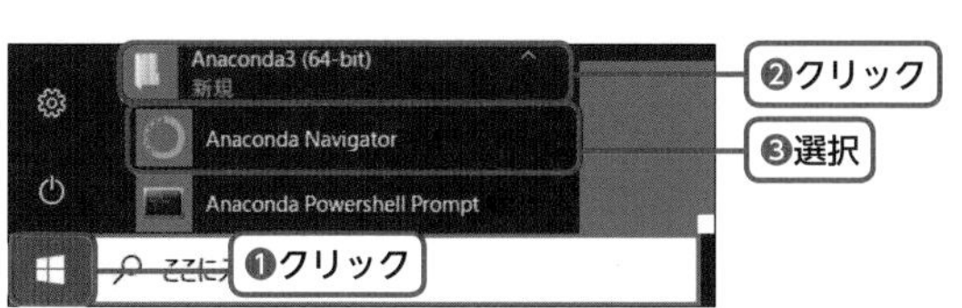

1-2 macOSでは［アプリケーション］フォルダから起動する

［アプリケーション］フォルダの中の❶［Anaconda-Navigator.app］をダブルクリックしましょう。

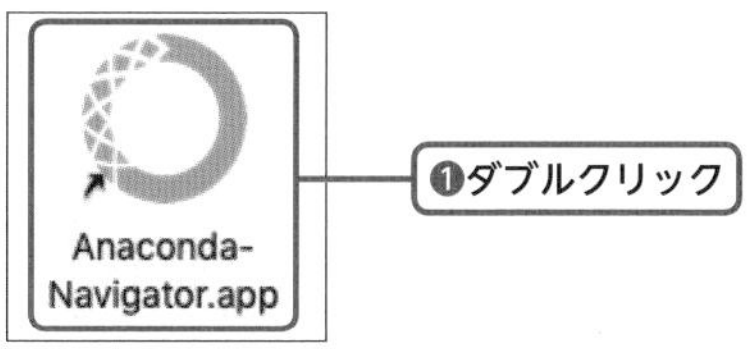

2 Jupyter Notebookを起動する

Anaconda Navigatorが起動したら、❶［Home］が選択されていることを確認して、Jupyter Notebookの❷［Launch］ボタンをクリックします。すると「ブラウザ」※が起動して、Jupyter Notebookの画面が表示されます。

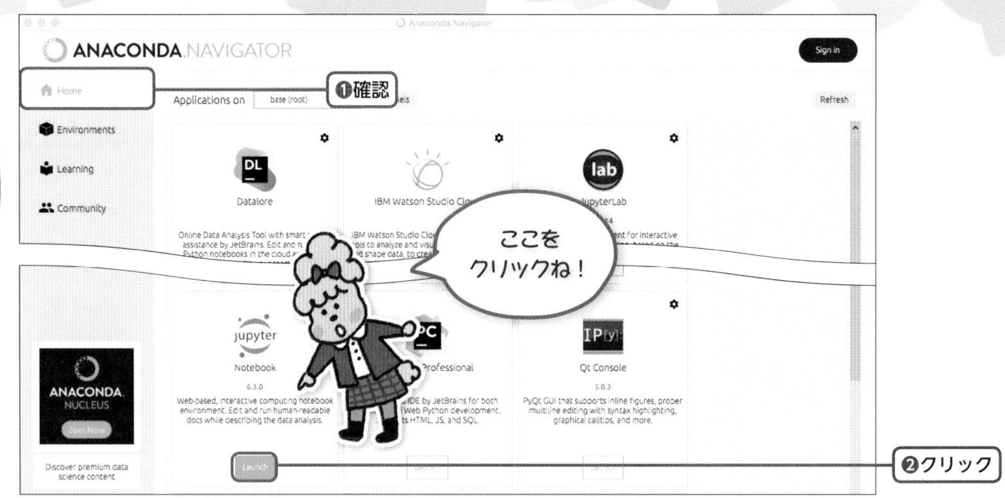

※デフォルトに設定しているブラウザが起動します。本書では、Windows 10 の場合、Microsoft Edge を利用しています。macOS の場合、Safari を利用しています。

3 作業を行うフォルダを選択する

Jupyter Notebookの画面には、利用しているパソコンのユーザのフォルダが表示されます。

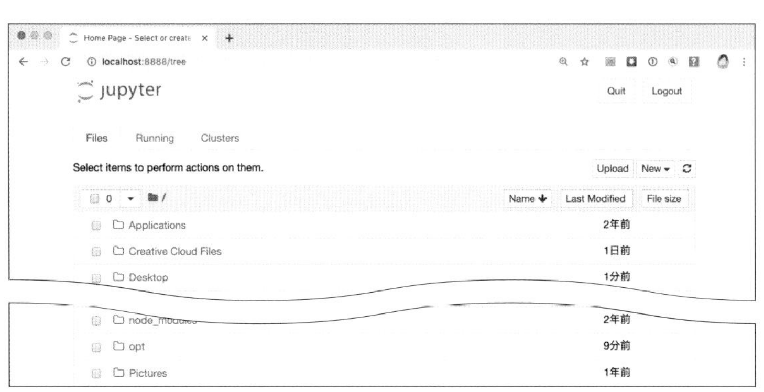

専用のフォルダを作り、そこにファイルを作成していきましょう。すでにフォルダがある場合はそれを選択してください。

フォルダは、Jupyter Notebook上からも作ることができます。右上の❶［New▼］メニューから❷［Folder］を選択すると、「Untitled Folder」というフォルダが作られます。

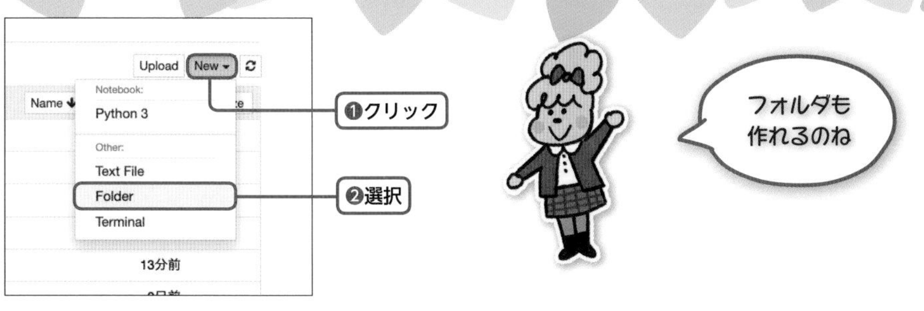

フォルダ名を変更したい場合は、「Untitled Folder」の左の❸チェックボックスをクリックしてチェックを入れ、左上にある❹［Rename］をクリックするとダイアログが現れます。ここで、フォルダ名を❺「JupyterNotebook」などわかりやすい名前に変更しましょう。変更したら、❻「Rename」をクリックします。

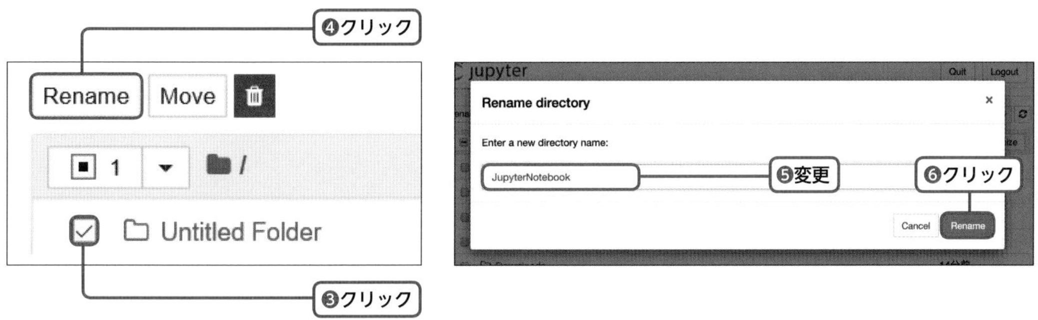

できた❼「フォルダ名」をクリックすると、❽ブラウザ上でフォルダが開きます。

Chapter 1 機械学習の準備

③ Python3の新規ノートブックを作る

フォルダの中は空っぽなので、新しくPythonのノートブックを作りましょう。

右上の❶［New▼］メニューから❷［Python 3］を選択すると、❸Python 3の新規ノートブックが作られて表示されます。このページにプログラムを書いて実行させていきます。

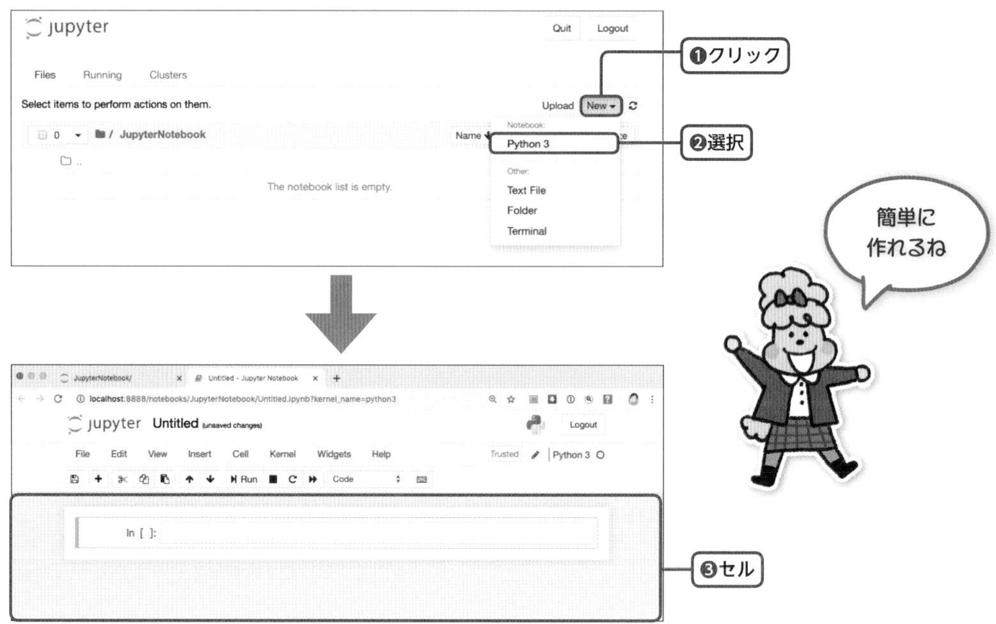

新しく作ったノートブックは「Untitled」という名前になっています。ファイル名を変更したいときは、画面上部の❶「Untitled」をクリックするとダイアログが現れるので、❷変更しましょう。ここでは「MLtest1」にしています。変更したら、❸「Rename」をクリックします。

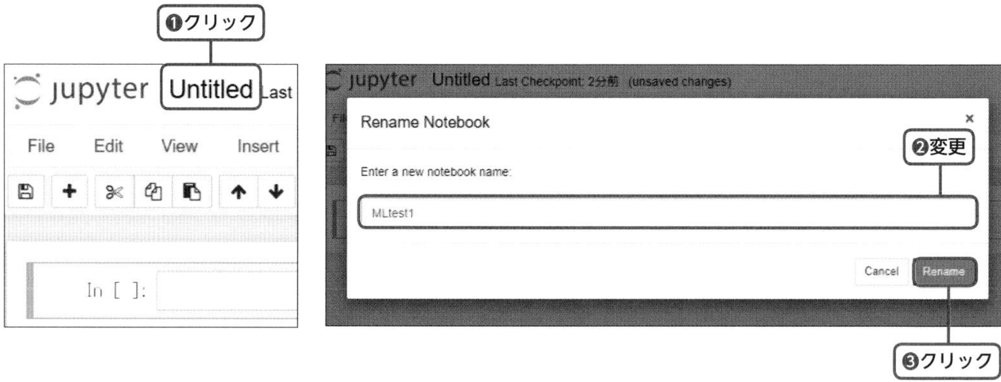

ノートブックの基本的な使い方

Colab NotebookとJupyter Notebookは、ほぼ同じように使えます。基本的な使い方を理解しましょう。

ノートブックでは、「セル」という四角い枠にプログラムを入力します。実行すると、出力結果は、セルのすぐ下に表示されます。続きのプログラムは、その下にセルを追加して入力していくことができます。長いプログラムを分けて入力&実行していけるので、データ分析や人工知能のような「途中経過を確認して考えながら進めたい処理」に向いています。

1 セルにプログラムを入力する

四角い枠が「セル」です。ここにPythonのプログラムを入力します。
リスト1.1のように入力してみましょう。

【入力プログラム】リスト 1.1

```
print("Hello")
```

Colab Notebook

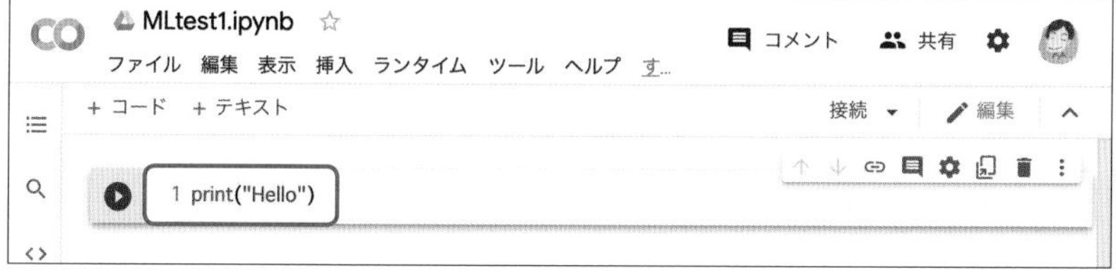

Jupyter Notebook

② セルを実行する

❶セルの左にある［プレイボタン］や、❶［Run］ボタンをクリックすると、「選択されているセル」が実行され、すぐ下に結果が表示されます。または、［Ctrl］キーを押しながら［Enter］キーを押しても実行されます。

出力結果

Colab Notebook

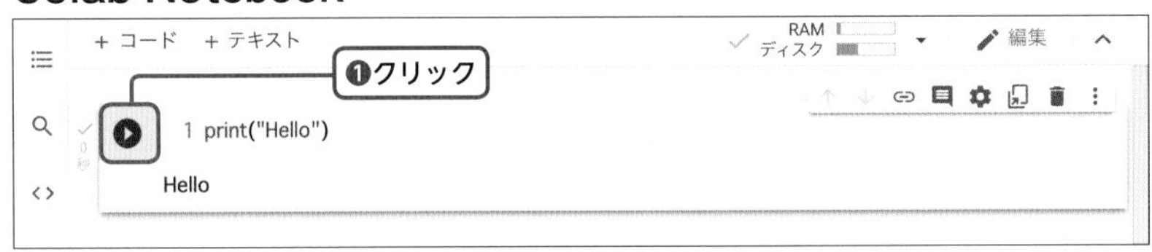

Jupyter Notebook

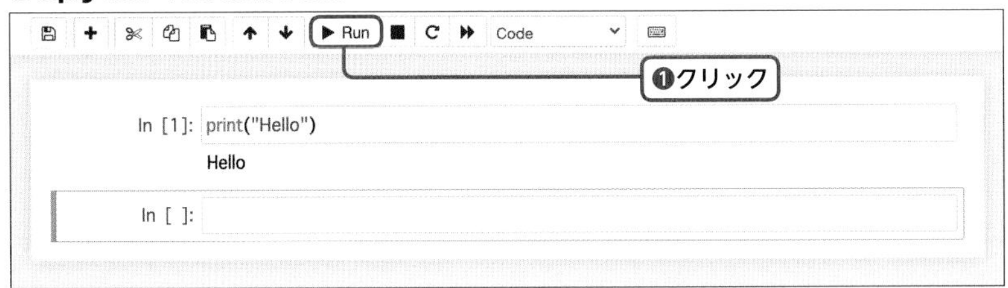

※セルの左が［1］やIn［1］に変わります。この番号は「このページが開いてからセルが何番目に実行されたか」を表していて、実行するたびに増えていきます。
※ Colab Notebookは、最初［Run］ボタンをクリックしたとき少し時間がかかることがあります。

③ 新しいセルを追加

❶［+コード］ボタンや❶［+］ボタンをクリックすると、新しいセルが下に追加されます。

Colab Notebook

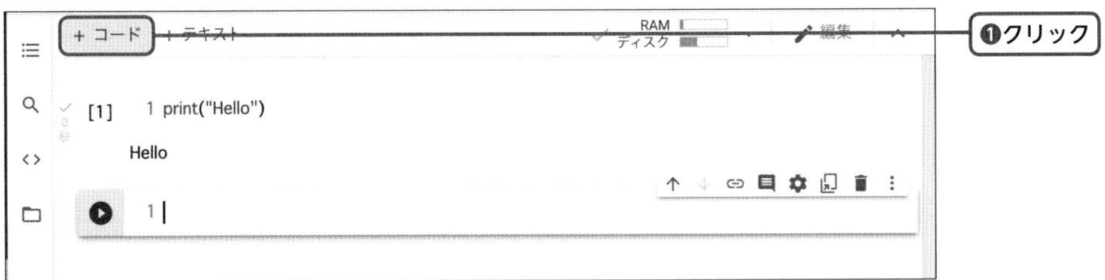

Jupyter Notebook

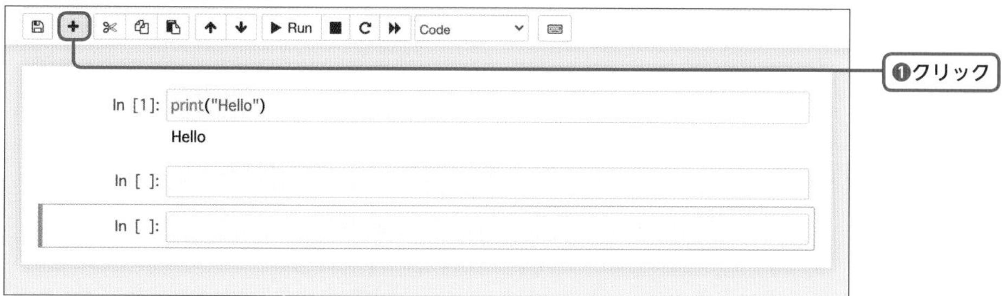

④ セルにプログラムを入力して実行する

リスト1.2のグラフを表示するプログラムを入力して、[Run] ボタンをクリックして実行しましょう。

【入力プログラム】リスト 1.2

```
%matplotlib inline
import matplotlib.pyplot as plt
plt.plot([0,2,1,3])
plt.show()
```

出力結果

Colab Notebook

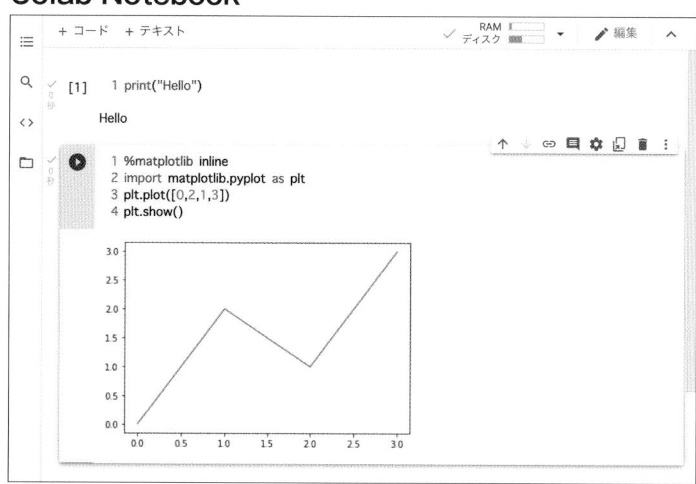

※1行目の「%matplotlib inline」は、Jupyter Notebook用の命令です。Colab Notebookでは不要なのですが、あっても問題はないのでどちらでも使えるように入れています。

Jupyter Notebook

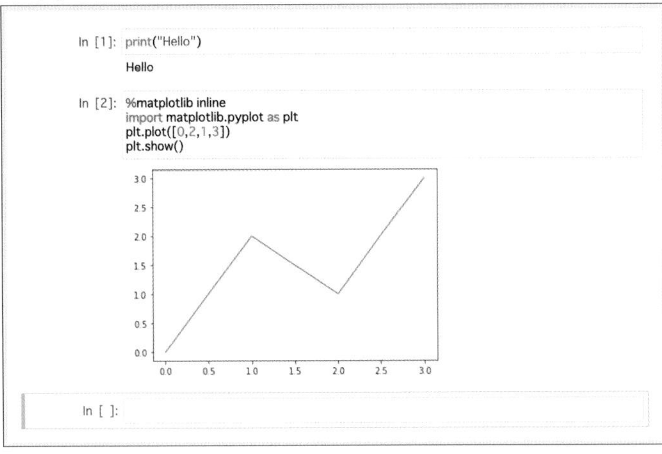

⑤ノートブックを保存する

ノートブックを保存するには、ファイルメニューから❶［保存］を選択します（Jupyter Notebookでは、❶［Save and Checkpoint］を選択）。保存ができれば、ノートブックのページを閉じても、次回また続きを行うことができます。

Colab Notebook　　**Jupyter Notebook**

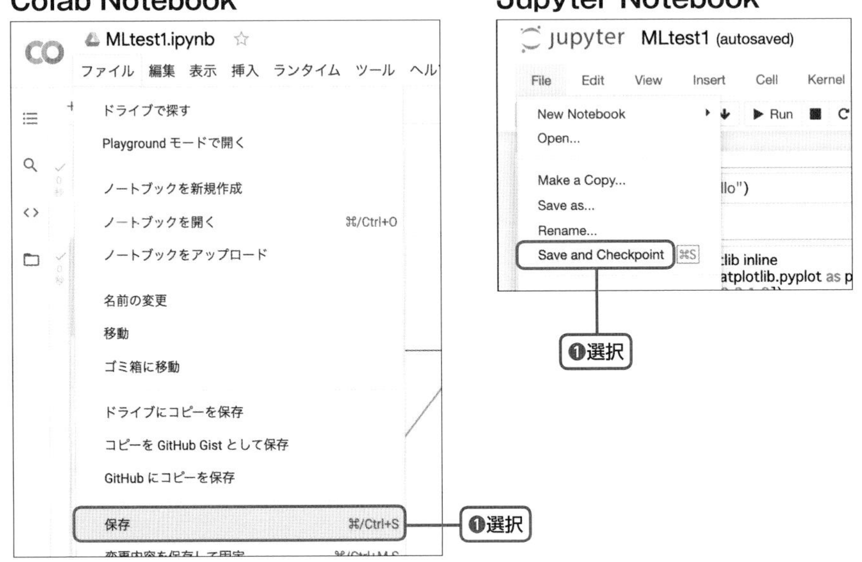

ノートブックファイルは、Colab Notebookは、Googleドライブのマイドライブに「Colab Notebooks」フォルダが作られ、その中に保存されます。Jupyter Notebookの保存先は、パソコン上の自分で指定したフォルダ内です。

保存されるファイルは「.ipynb」ファイルで、基本的にJupyter NotebookとColab Notebook共通で使えます。Colab Notebookで作ったファイルを、Jupyter Notebookに持っていけば開くこともできるのです。

「.ipynb」ファイルなら、Jupyter Notebook と Colab Notebook のどちらでも使えるのね！

準備 OK ！

ここまでで機械学習を行う
環境の準備は整ったかな？
準備ができたら、次の章へ
行ってみよう！

第2章

サンプルデータを見てみよう

Chapter 2

サンプルデータを見てみよう

この章でやること

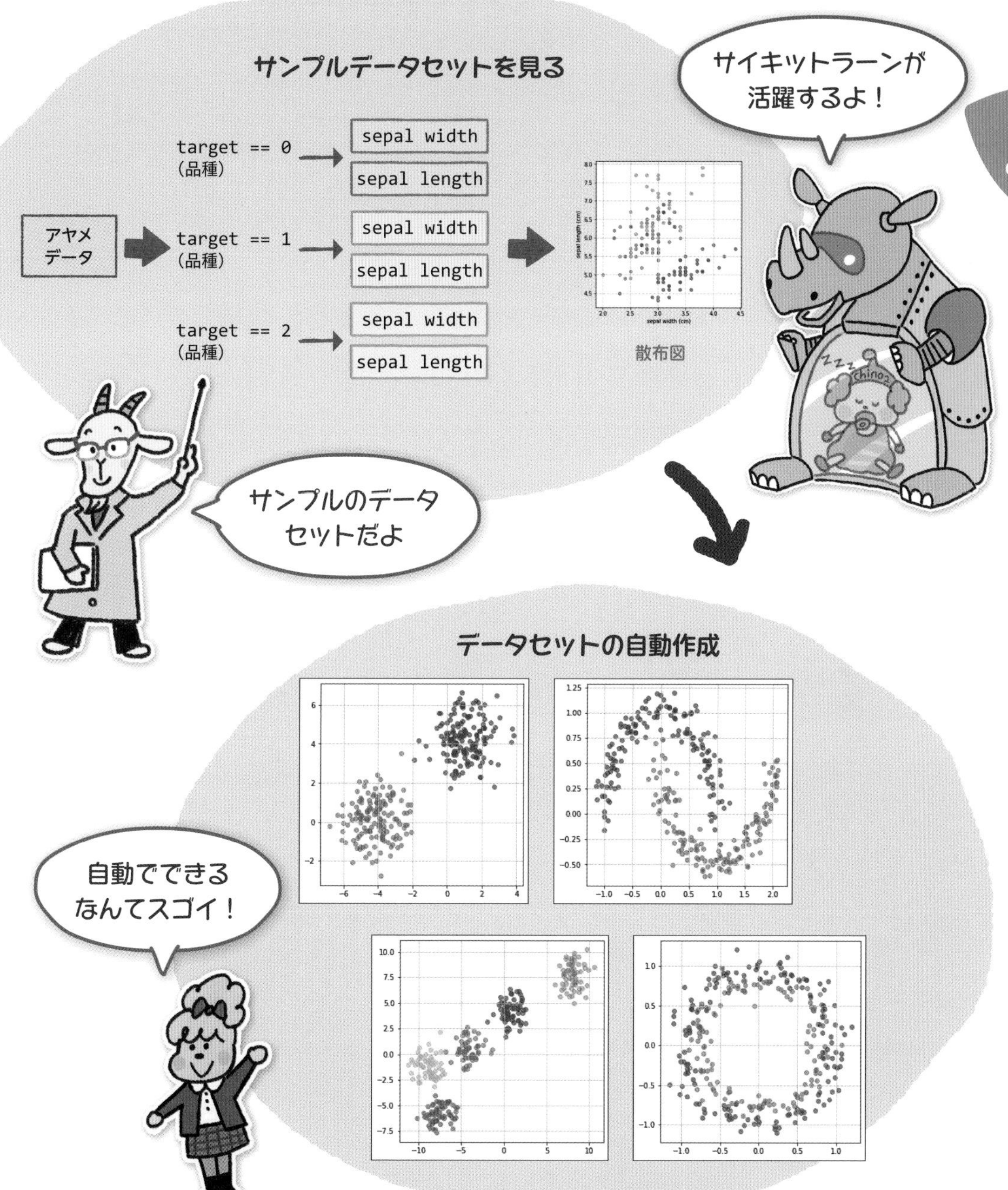

Intro duction

scikit-learnのサンプルデータセット

scikit-learnは、機械学習をやさしくまなべるライブラリです。いろいろなサンプルデータセットが付属しています。

次は、機械学習で使うデータとはどんなものかを見てみよう。ライブラリに入っている機械学習用のサンプルデータセットを見てみるよ。

サンプルデータセット？

scikit-learnライブラリには、機械学習のサンプルデータセットやアルゴリズムがいろいろ入っている。さらに架空のサンプルデータを作り出すこともできるんだ。

いたれりつくせりなんだね。

まずは、どんなデータセットがあるか、見てみよう。

scikit-learnには、「ボストンの住宅価格」や「アヤメの品種」など、いろいろなサンプルデータセットが用意されています。どのデータも「変数 = load_なんとか()」と実行するだけで、データセットを指定した変数に読み込んで使うことができます。

サンプルデータセットの種類

内容	ロード命令
ボストンの住宅価格	load_boston()
アヤメの品種	load_iris()
手書き数字データ	load_digits()

内容	ロード命令
ワインの種類	load_wine()
運動能力データセット	load_linnerud()
糖尿病の進行状況	load_diabetes()

（続き）

内容	ロード命令
乳がんの陰性/陽性	load_breast_cancer()

アヤメの品種データセット

この中の「アヤメの品種」のデータセットを見てみましょう。ここには「アヤメのいろいろな特徴量」や「そのアヤメがどの品種なのか」といったいろいろなデータが集まって入っています。この「がくや花びらの長さや幅などのアヤメの特徴量（説明変数）」を使って「アヤメの品種（目的変数）」を予測する、といった機械学習に使うことができるのです。

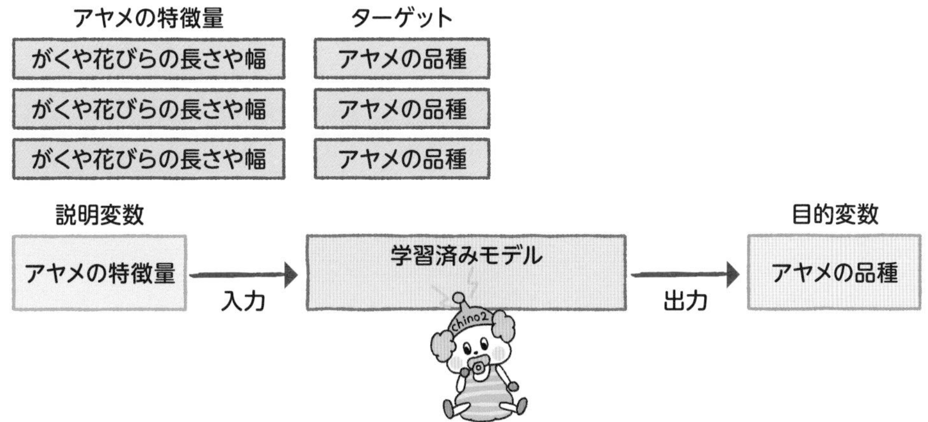

① 新規ノートブックを作る

最初に、この章のプログラムを書き込んでいくノートブックを用意しましょう。

【Colab Notebookの場合】ダイアログで「ノートブックを新規作成」をクリックします（【Jupyter Notebookの場合】右上の［New▼］メニューから［Python 3］を選択します）。❶左上のファイル名を「MLtest2.ipynb」などに変更しましょう。

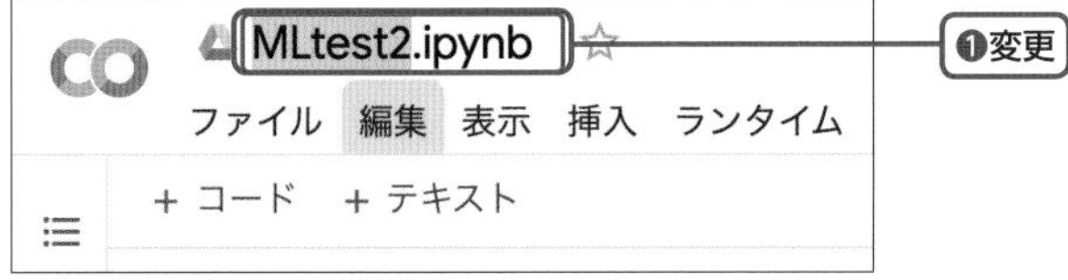

②データセットを読み込んでそのまま表示

まず、データセットを読み込んで、そのまま表示してみましょう（リスト2.1）。sklearn（Pythonで読み込むときのscikit-learnライブラリの名前です）の中からdatasetsを取り出して使うので、1行目で、`from sklearn import datasets`と書いてインポートします。2行目でirisデータを読み込みます。3行目でそのまま表示します。

【入力プログラム】リスト 2.1

```
from sklearn import datasets ·············sklearnのdatasetsをインポート
iris = datasets.load_iris() ··············iris（アヤメ）のデータをロード
print(iris) ······························表示する
```

出力結果

```
{'data': array([[5.1, 3.5, 1.4, 0.2],
     [4.9, 3. , 1.4, 0.2],
     [4.7, 3.2, 1.3, 0.2],
     [4.6, 3.1, 1.5, 0.2],
     [5. , 3.6, 1.4, 0.2],
     [5.4, 3.9, 1.7, 0.4],
      (…略…)
     [5.9, 3. , 5.1, 1.8]]), 'target': array([0, 0, 0, 0, 0, 0, 0, 0, 0, 0, 0, 0, 0, 0, 0, 0, 0, 0, 0, 0, 0, 0,
     0, 0, 0, 0, 0, 0, 0, 0, 0, 0, 0, 0, 0, 0, 0, 0, 0, 0, 0, 0, 0, 0,
     0, 0, 0, 0, 0, 0, 1, 1, 1, 1, 1, 1, 1, 1, 1, 1, 1, 1, 1, 1, 1, 1,
     1, 1, 1, 1, 1, 1, 1, 1, 1, 1, 1, 1, 1, 1, 1, 1, 1, 1, 1, 1, 1, 1,
     1, 1, 1, 1, 1, 1, 1, 1, 1, 1, 1, 1, 2, 2, 2, 2, 2, 2, 2, 2, 2, 2,
     2, 2, 2, 2, 2, 2, 2, 2, 2, 2, 2, 2, 2, 2, 2, 2, 2, 2, 2, 2, 2, 2,
     2, 2, 2, 2, 2, 2, 2, 2, 2, 2, 2, 2, 2, 2, 2, 2, 2]), 'target_names': array(['setosa', 'versicolor', 'virginica'], dt
      (…略…)
```

なんだかややこしいぞ。

データセットだから、中に何種類もデータが入っているんだよ。

アヤメのデータセット

データ名	内容
data	学習用のデータ
feature_names	特徴量の名前
target	目的の値（分類の値）
target_names	目的の名前（分類の名前）
DESCR	このデータセットの説明（英語）

こんなにいろいろデータが入っていたのね。

③ 特徴量や分類の名前を確認

このデータセットに、「アヤメのどんな種類の特徴量データ」が入っていて、「どんな分類になっているのか」を見てみましょう（リスト2.2）。1〜2行目で「特徴量の名前（feature_names）」と「分類の名前（target_names）」を表示してみます。

さらに、3行目で「各データがどの分類なのか（target）」も表示してみましょう。0、1、2という番号で入っています。この番号が何かは、target_namesを見ればわかります。0ならsetosa、1ならversicolor、2ならvirginicaというわけです。

【入力プログラム】リスト 2.2

```
print("特徴量の名前=", iris.feature_names)
print("分類の名前=", iris.target_names)
print("分類の値=", iris.target)
```

出力結果

```
特徴量の名前= ['sepal length (cm)', 'sepal width (cm)', 'petal length (cm)', 'petal width (cm)']
分類の名前= ['setosa' 'versicolor' 'virginica']
分類の値= [0 0 0 0 0 0 0 0 0 0 0 0 0 0 0 0 0 0 0 0 0 0 0 0 0 0 0 0 0 0 0 0 0 0 0 0 0
 0 0 0 0 0 0 0 0 0 0 0 0 0 1 1 1 1 1 1 1 1 1 1 1 1 1 1 1 1 1 1 1 1 1 1 1 1
 1 1 1 1 1 1 1 1 1 1 1 1 1 1 1 1 1 1 1 1 1 1 1 1 1 2 2 2 2 2 2 2 2 2 2 2 2
 2 2 2 2 2 2 2 2 2 2 2 2 2 2 2 2 2 2 2 2 2 2 2 2 2 2 2 2 2 2 2 2 2 2 2 2 2
 2 2]
```

特徴量の名前を見ると「sepal length（がくの長さ）、sepal width（がくの幅）、petal length（花びらの長さ）、petal width（花びらの幅）」と表示されている。

アヤメの「4つの特徴量データが入ってるよ」ってことなのね。

分類の名前は、「setosa、versicolor、virginica」だ。これがこのデータに入っているアヤメの品種名というわけだ。つまりこれは、「アヤメの3つの品種を分類する学習ができるデータセット」ということなんだ。

3つの品種

英名	和名	生息地
setosa	セトサ：ヒオウギアヤメ	北海道、アラスカに分布
versicolor	バージカラー	アメリカ東部、カナダ東部に分布
virginica	バージニカ	アメリカ南東部に分布

④ データをデータフレームに入れる

読み込んだデータを、処理しやすいようにデータフレームにしましょう（リスト2.3）。1行目でpandas（パンダス）をインポートして、2行目でpd.DataFrameにiris.dataを渡して、データフレームを作ります。3行目で先頭の5行を表示（head命令）して、確認しましょう。

【入力プログラム】リスト2.3

```
import pandas as pd·····························pandasをインポート
df = pd.DataFrame(iris.data) ·············iris.dataをデータフレームに
df.head() ·········································先頭5行を表示
```

出力結果

	0	1	2	3
0	5.1	3.5	1.4	0.2
1	4.9	3.0	1.4	0.2
2	4.7	3.2	1.3	0.2
3	4.6	3.1	1.5	0.2
4	5.0	3.6	1.4	0.2

1行目が「0, 1, 2, 3」になってるけど、これは何？

最初の行は「列の名前（columns）」だ。番号だとわかりにくいので、特徴量の名前（iris.feature_names）を使って変更しよう。2行目からは、「5.1, 3.5, 1.4, 0.2」と小数点の値が並んでいて、これが実際のデータだ。

横の1行が「1つのアヤメのデータ」なのね。

その「1つのアヤメデータ」に「そのアヤメの品種」をくっつけてわかりやすくしてみよう。ターゲットのデータ（iris.target）を1列追加する。本当はまとめなくてもいいんだけど、イメージしやすいようにまとめてみるよ。

⑤ 列名に特徴量を設定して、どんな品種なのかをtargetとして追加

LESSON 04

1行目で列名を設定し、2行目で「どんな品種なのか（target）」を列データとして追加します（リスト2.4）。3行目で先頭の5行を表示して確認します。

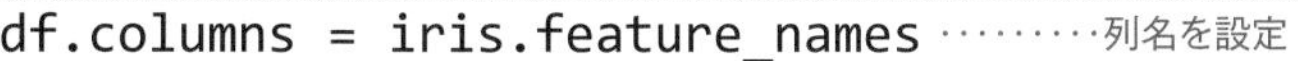


```
df.columns = iris.feature_names ………列名を設定
df["target"] = iris.target ………………targetを列として追加
df.head() ………………………………………………先頭5行を表示
```

出力結果

	sepal length (cm)	sepal width (cm)	petal length (cm)	petal width (cm)	target
0	5.1	3.5	1.4	0.2	0
1	4.9	3.0	1.4	0.2	0
2	4.7	3.2	1.3	0.2	0
3	4.6	3.1	1.5	0.2	0
4	5.0	3.6	1.4	0.2	0

なるほど～。でも、targetは0ばかりだよ。これってアヤメの品種なんだよね。

表示したのはデータの先頭の5行だけなので、たまたま0ばかりのようだね。この下にもっとたくさん続いているよ。

でも、数字だらけで、よくわからないよ。

そうだね。じゃあ、見てわかるようにヒストグラムにしてみよう。

やった～。

⑥ ヒストグラムで描画（3種類の品種を違う色に）

アヤメのがくの幅（sepal width）のデータをヒストグラムにしてみます。3種類の品種があるので、それぞれ違う色で描画して、品種ごとの違いを見てみましょう。

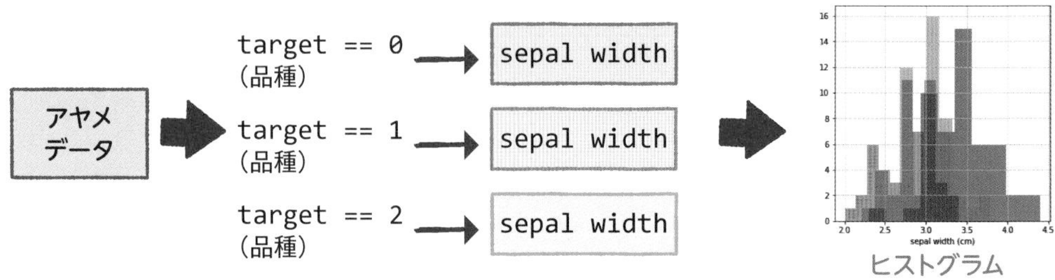

3種類の品種を別々の色で表示しましょう（リスト2.5）。targetの値が、0ならdf0に、1ならdf1に、2ならdf2と、3つのデータフレームに分けて入れます。グラフは「5×5」のサイズで作りましょう。今回は、がくの幅の特徴量（列データ）をヒストグラムで表示します。変数xxにsepal width (cm)という列名を入れておき、df0[xx]、df1[xx]、df2[xx]と指定して、がくの幅の、ヒストグラムを描画します。df0は青（b）、df1は赤（r）、df2は緑（g）で色分け描画しますが、重なったところがわかるように、半透明（alpha=0.5）にしておきます。最後にplt.show()と命令すると、これらのグラフが重なって表示されます。

【入力プログラム】リスト 2.5

```
%matplotlib inline
import matplotlib.pyplot as plt

# 3種類の品種を、別々のデータフレームに分ける
# targetの値が0ならdf0に、1ならdf1に、2ならdf2に入れる
df0 = df[df["target"]==0]
df1 = df[df["target"]==1]
df2 = df[df["target"]==2]

# 3種類の品種を、ヒストグラムで色分けして描画
#「がくの幅」で、ヒストグラムを描画
plt.figure(figsize=(5, 5))
xx = "sepal width (cm)" ……………………「sepal width (cm)」列を対象に
df0[xx].hist(color="b",alpha=0.5) ……青のヒストグラム作成
```

```
df1[xx].hist(color="r",alpha=0.5) ……赤のヒストグラム作成
df2[xx].hist(color="g",alpha=0.5) ……緑のヒストグラム作成
plt.xlabel(xx) ……………グラフにX軸ラベルを設定
plt.show()
```

※1行目の%matplotlib inlineはJupyter Notebook用ですので、Colab Notebookではあってもなくてもかまいません。
※先頭が#の行は、意味を説明するためのコメントです。なくてもかまいません。

出力結果

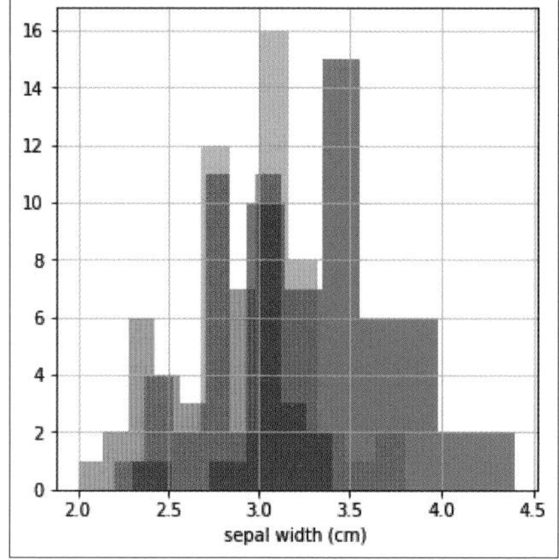

おっ！　グラフにしたらイメージしやすくなったね。赤緑青それぞれの山の位置が、少しずつずれてるね。

『「がくの幅」に注目すると、品種の違いが見えそうだ』ってことがわかるね。とはいえ、重なりが多いのではっきり区別することはできないね。

そうだよね。もうちょっと、離れていたらいいのになー。

1つの特徴量で区別が付かないなら、特徴量を2つ使ってみよう。

なにそれっ！？

⑦ 散布図で描画（3種類の品種を違う色に）

次は、2つの特徴量を使って散布図で表示しましょう。品種による違いを2次元グラフで見ることができます。散布図はデータフレーム.scatter()で描画できます。

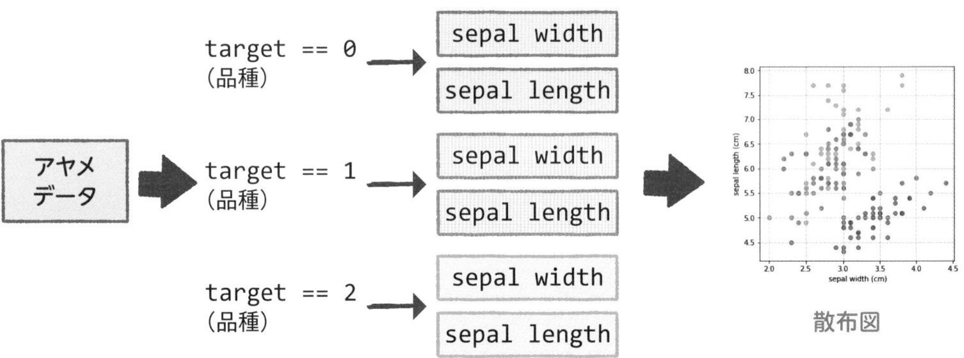

散布図

今回は「がくの幅」を横軸に「がくの長さ」を縦軸にして散布図を描画します（リスト2.6）。先ほど3つに分けたdf0、df1、df2を重ねて、青、赤、緑の散布図にしましょう。

【入力プログラム】リスト 2.6

```
#「がくの幅」と「がくの長さ」で、散布図を描画
xx = "sepal width (cm)" ……………………「sepal width (cm)」列を1つ目の対象に
yy = "sepal length (cm)"……………………「sepal length (cm)」列を2つ目の対象に
plt.figure(figsize=(5, 5))
plt.scatter(df0[xx], df0[yy], color="b", alpha=0.5) ……青の散布図作成
plt.scatter(df1[xx], df1[yy], color="r", alpha=0.5) ……赤の散布図作成
plt.scatter(df2[xx], df2[yy], color="g", alpha=0.5) ……緑の散布図作成
plt.xlabel(xx) ……………グラフにX軸ラベルを設定
plt.ylabel(yy) ……………グラフにY軸ラベルを設定
plt.grid()
plt.show()
```

出力結果

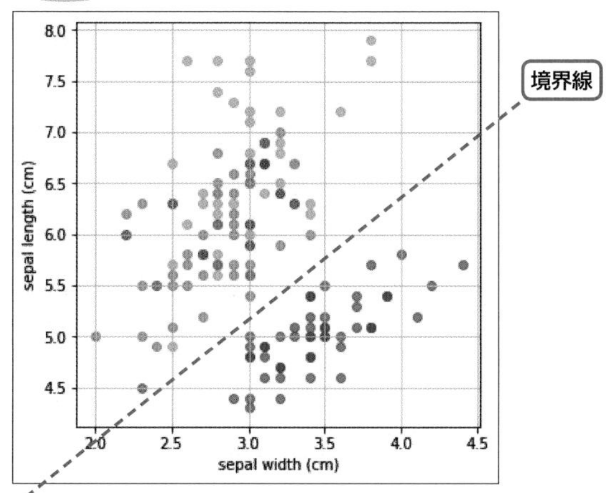

すごい！　境目が見えてきたよ。「青」と「赤＋緑」で2つに分かれてる。これ、斜めに線を引いて分けられるよ。

2つの特徴量を使うと2次元的に見えるので、境界を見つけやすくなるんだ。

ふしぎ〜。でも、赤と緑は混ざってるからこれは区別が付かないね。ざ〜んねん。

フフフ。じゃあ、特徴量を3つ使って3次元的に見てみようか。

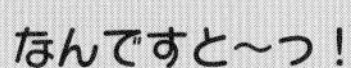

なんですと〜っ！

⑧ 3D散布図で描画（3種類の品種を違う色に）

次は、3つの特徴量を使って3D散布図を表示しましょう。品種による違いを3次元グラフで見ることができます。

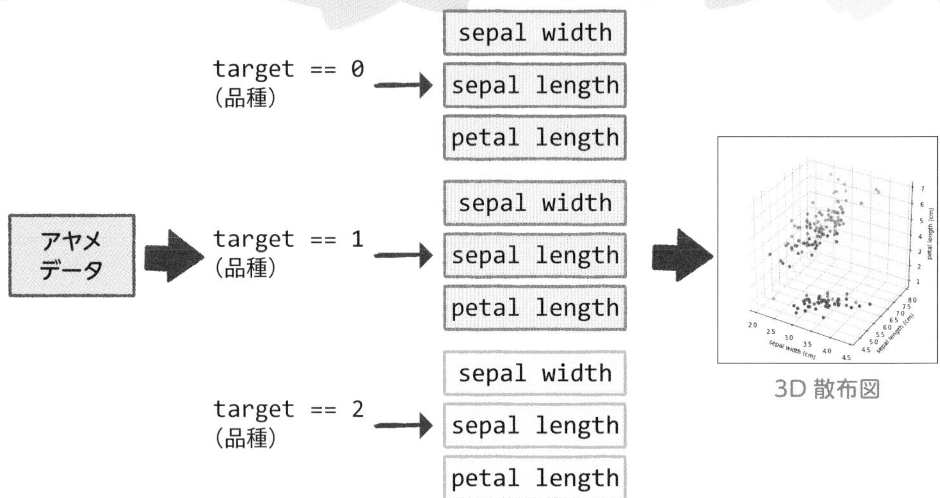

3D散布図を描画する場合も、データフレーム.scatter()に、3つのデータを指定するだけで描画できます。ただし、3D空間を用意する必要があるので「from mpl_toolkits.mplot3d import Axes3D」でAxes3Dをインポートしておき、Axes3Dで3D空間を作り、そこに散布図を描画します（リスト2.7）。

今回は「がくの幅」と「がくの長さ」と「花びらの長さ」を使います。df0、df1、df2を重ねて、青、赤、緑の散布図にしましょう。

【入力プログラム】リスト 2.7

```
from mpl_toolkits.mplot3d import Axes3D ········Axes3Dをインポート
#「がくの幅」と「がくの長さ」と「花びらの長さ」で、3D散布図
xx = "sepal width (cm)" ··········「sepal width (cm)」列を1つ目の対象に
yy = "sepal length (cm)"·········「sepal length (cm)」列を2つ目の対象に
zz = "petal length (cm)"·········「petal length (cm)」列を3つ目の対象に
ax = Axes3D(plt.figure(figsize=(5, 5)))
ax.scatter(df0[xx], df0[yy], df0[zz], color="b") ······青の散布図作成
ax.scatter(df1[xx], df1[yy], df1[zz], color="r") ······赤の散布図作成
ax.scatter(df2[xx], df2[yy], df2[zz], color="g") ······緑の散布図作成
ax.set_xlabel(xx) ····················グラフにX軸ラベルを設定
ax.set_ylabel(yy) ····················グラフにY軸ラベルを設定
ax.set_zlabel(zz) ····················グラフにZ軸ラベルを設定
plt.show()
```

出力結果

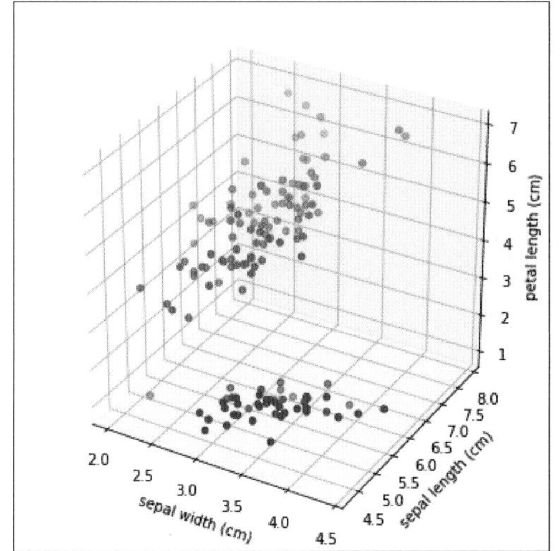

3次元グラフだっ！　すっご～い！　でも、まだ赤と緑は混ざってるね～。

こういうときは「視点」が重要なんだ。視点を変えると、境界線が見えてくるかもしれないよ。ax.view_init(縦角度、横角度)で、視点を変えてみよう（リスト2.8）。

【入力プログラム】リスト 2.8

```
ax = Axes3D(plt.figure(figsize=(5, 5)))
ax.scatter(df0[xx], df0[yy], df0[zz], color="b")
ax.scatter(df1[xx], df1[yy], df1[zz], color="r")
ax.scatter(df2[xx], df2[yy], df2[zz], color="g")
ax.set_xlabel(xx)
ax.set_ylabel(yy)
ax.set_zlabel(zz)
ax.view_init(0, 240) ……………視点を変える
plt.show()
```

出力結果

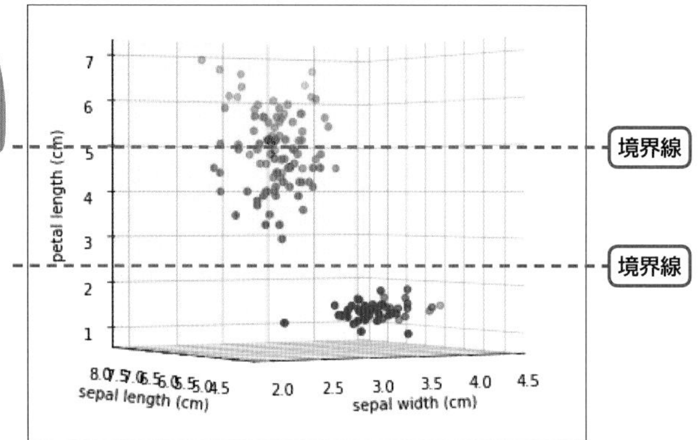

ぐるっと回したら見えてきたよ！

この角度から見れば、3つの品種を区別できる境界線を引けそうだね。

視点ってすごいね。

ちなみに、さらに違う視点で見れば、3D散布図なのに2Dの散布図と同じに見えるんだよ（リスト2.9）。

【入力プログラム】リスト2.9

```
ax = Axes3D(plt.figure(figsize=(5, 5)))
ax.scatter(df0[xx], df0[yy], df0[zz], color="b")
ax.scatter(df1[xx], df1[yy], df1[zz], color="r")
ax.scatter(df2[xx], df2[yy], df2[zz], color="g")
ax.set_xlabel(xx)
ax.set_ylabel(yy)
ax.set_zlabel(zz)
ax.view_init(90, 270) ············視点を変える
plt.show()
```

出力結果

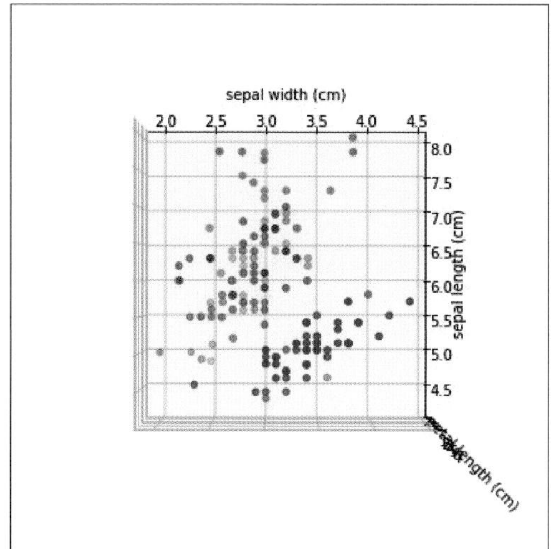

へ〜。2Dの散布図とそっくり。

解決できないように見えることでも、「視点を変えれば、解決策が見つかることがある」ってことさ。

奥が深〜い。

LESSON 05

サンプルデータセットを自動生成しよう

scikit-learn は、架空のサンプルデータを自動生成することもできます。いろいろな自動生成を見てみましょう。

「変数X, 変数y = make_なんとか()」という命令で、架空のサンプルデータを自動生成することができます。

- 分類用データセット（塊）：**make_blobs(パラメータ)**
- 分類用データセット（三日月）：**make_moons(パラメータ)**
- 分類用データセット（二重円）：**make_circles(パラメータ)**
- 分類用データセット（同心円）：**make_gaussian_quantiles(パラメータ)**
- 回帰用データセット：**make_regression(パラメータ)**

分類用データセットの自動生成（塊）

make_blobs()を使うと、「複数の塊に分かれるデータセット」を自動生成できます。

パラメータで、データの個数（n_samples）や、特徴量の数（n_features）、塊の数（centers）、ばらつきの大きさ（cluster_std）などを調整できます。実行すると、特徴量がXに、その分類（目的変数）がyに返ってきます。

※特徴量は、多くの場合２次元以上の配列なので大文字のX、目的変数は１次元配列なので小文字のyが使われます。

データセットを自動生成できるのは便利なのですが、毎回完全にランダムに変化してしまうと困ったことが起こります。実行するたびに違うデータに変わってしまうと、毎回実行結果が違ってくるので、それがデータのせいなのか、学習方法のせいなのかがわからなくなります。

こんなとき、「ランダムではあるけれど、毎回同じランダムなデータ」があれば、テストデータとして使いやすくなります。それができるパラメータが、random_stateです。random_stateは、ランダム生成の出発点となる「種」のことで、これを固定することで、毎回同じランダムなデータを作り出すことができるのです。

- **random_state：ランダム生成の種にする番号**
- **n_samples：データの個数**
- **n_features：特徴量の数**
- **centers：塊の数**
- **cluster_std：ばらつきの大きさ（標準偏差）**

1 塊数が2つのデータを作る

ランダムの種を「3」にして、特徴量は2つ、塊数は2つ、ばらつき1の、300個の点でできたデータセットを作ってみましょう（リスト2.10）。

【入力プログラム】リスト 2.10

```
from sklearn.datasets import make_blobs
import pandas as pd

X, y = make_blobs(
    random_state=3,·················ランダムの種3
    n_features=2,···················特徴量2つ
    centers=2,······················塊数2つ
    cluster_std=1,··················ばらつき1
    n_samples=300) ·················300個の点
```

LESSON 05

```
# 特徴量（X）でデータフレームを作り、分類（y）をtargetの列として追加
df = pd.DataFrame(X) ……………データフレーム作成
df["target"] = y……………………yをtarget列に
df.head()
```

出力結果

	0	1	target
0	-5.071794	-1.364393	1
1	-3.174364	-1.145104	1
2	0.818543	5.937601	0
3	-4.338424	-2.055692	1
4	-3.887373	-0.436586	1

このデータの、特徴量0を横軸に、特徴量1を縦軸にして、targetの値で色分けをした散布図を描画しましょう（リスト2.11）。

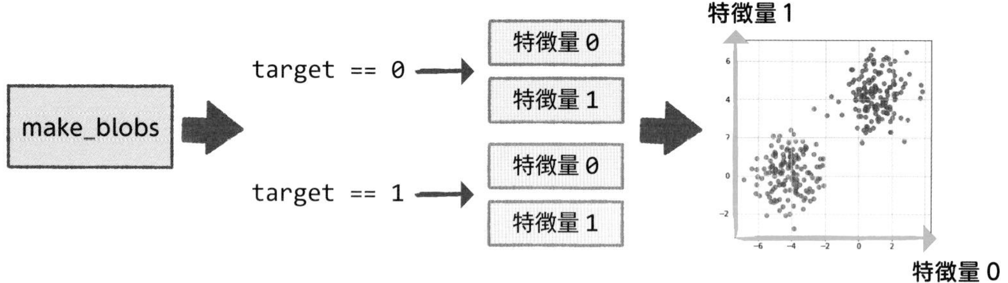

【入力プログラム】リスト 2.11

```
%matplotlib inline
import matplotlib.pyplot as plt

# 分類によって、別々のデータフレームに分ける
df0 = df[df["target"]==0]
df1 = df[df["target"]==1]
# 分類0は青、分類1は赤で、散布図を描画
plt.figure(figsize=(5, 5))
plt.scatter(df0[0], df0[1], color="b", alpha=0.5) ····青の散布図を作成
plt.scatter(df1[0], df1[1], color="r", alpha=0.5) ····赤の散布図を作成
plt.grid()
plt.show()
```

出力結果

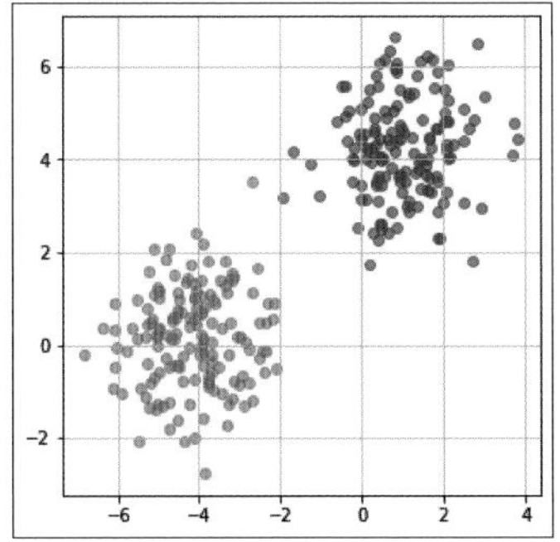

② 塊数が3つのデータを作る

同じ条件で、塊が3つのデータセットを作って、散布図を描画してみましょう（リスト2.12)。targetが3種類あるので、3つの色で描画します。

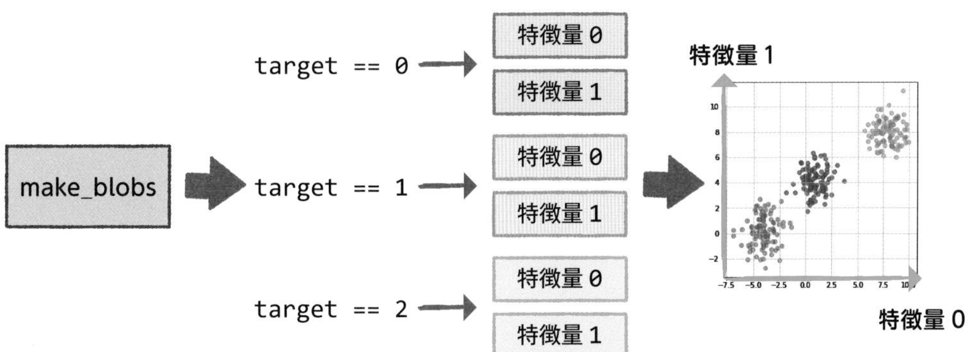

【入力プログラム】リスト 2.12

```
X, y = make_blobs(
    random_state=3,  ······ランダムの種3
    n_features=2,  ········特徴量2つ
    centers=3,  ············塊数3つ
    cluster_std=1,  ······ばらつき1
    n_samples=300)  ······300個の点

# 特徴量（X）でデータフレームを作り、分類（y）をtargetの列として追加
df = pd.DataFrame(X)
```

```
df["target"] = y
# 分類によって、別々のデータフレームに分ける
df0 = df[df["target"]==0]
df1 = df[df["target"]==1]
df2 = df[df["target"]==2]
# 分類0は青、分類1は赤、分類2は緑で、散布図を描画
plt.figure(figsize=(5, 5))
plt.scatter(df0[0], df0[1], color="b", alpha=0.5) ····青の散布図を作成
plt.scatter(df1[0], df1[1], color="r", alpha=0.5) ····赤の散布図を作成
plt.scatter(df2[0], df2[1], color="g", alpha=0.5) ····緑の散布図を作成
plt.grid()
plt.show()
```

出力結果

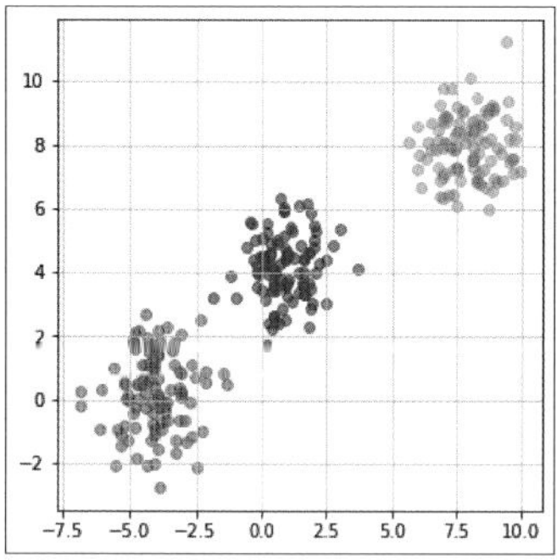

③ 塊数が5つのデータを作る

同じ条件で、塊が5つのデータセットを作って、散布図を描画してみましょう（リスト2.13）。

【入力プログラム】リスト2.13

```
X, y = make_blobs(
    random_state=3, ····ランダムの種3
    n_features=2, ········特徴量2つ
    centers=5, ············塊数5つ
    cluster_std=1, ······ばらつき1
    n_samples=300) ······300個の点
```

```
# 特徴量（X）でデータフレームを作り、分類（y）をtargetの列として追加
df = pd.DataFrame(X)
df["target"] = y
# 分類によって、別々のデータフレームに分ける
df0 = df[df["target"]==0]
df1 = df[df["target"]==1]
df2 = df[df["target"]==2]
df3 = df[df["target"]==3]
df4 = df[df["target"]==4]
# 分類0は青、1は赤、2は緑、3はマゼンタ、4はシアンで、散布図を描画
plt.figure(figsize=(5, 5))
plt.scatter(df0[0], df0[1], color="b", alpha=0.5) …青の散布図を作成
plt.scatter(df1[0], df1[1], color="r", alpha=0.5) …赤の散布図を作成
plt.scatter(df2[0], df2[1], color="g", alpha=0.5) …緑の散布図を作成
plt.scatter(df3[0], df3[1], color="m", alpha=0.5) …マゼンタの散布図を作成
plt.scatter(df4[0], df4[1], color="c", alpha=0.5) …シアンの散布図を作成
plt.grid()
plt.show()
```

出力結果

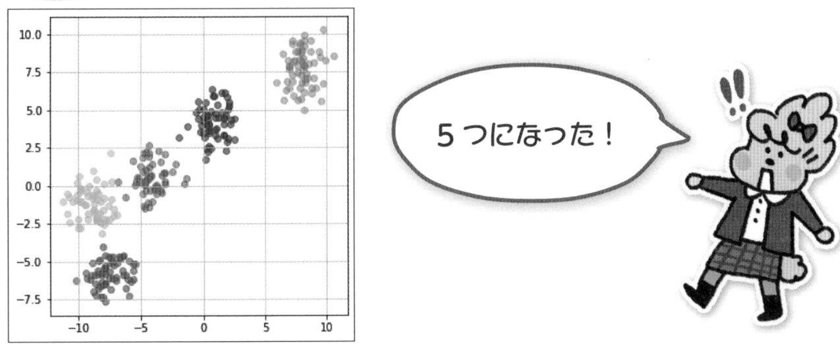

分類用データセットの自動生成（三日月）

make_moons()を使うと、「三日月型の塊が組み合わさったデータセット」を自動生成できます。直線で分割できないようなデータセットです。

パラメータで、データの個数（n_samples）や、ノイズ（noise）などを調整できます。また、ランダム生成の種にする番号（random_state）を指定して、毎回同じ形のランダムにすることができます。

- **random_state**：ランダム生成の種にする番号
- **n_samples**：データの個数
- **noise**：ノイズ

① ノイズ0.1のデータを作る

ランダムの種を「3」にして、ノイズ0.1、300個の点でできた三日月データセットを作ってみましょう（リスト2.14）。

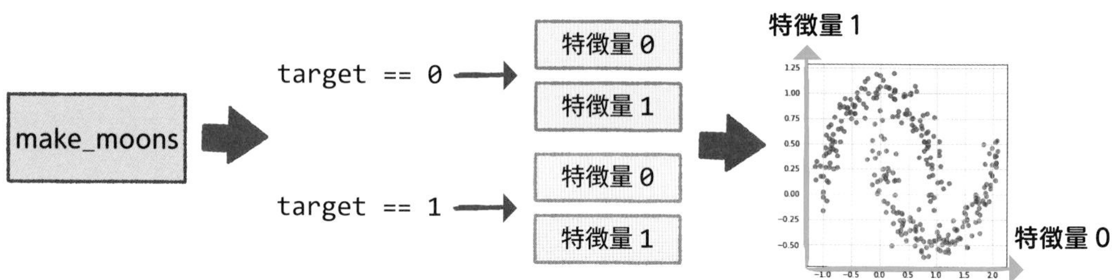

【入力プログラム】リスト2.14

```
from sklearn.datasets import make_moons
X, y = make_moons(
    random_state=3, ················ランダムの種3
    noise=0.1, ·······················ノイズ0.1
    n_samples=300) ·················300個の点

# 特徴量（X）でデータフレームを作り、分類（y）をtargetの列として追加
df = pd.DataFrame(X)
df["target"] = y
# 分類によって、別々のデータフレームに分ける
df0 = df[df["target"]==0]
df1 = df[df["target"]==1]
# 分類0は青、分類1は赤で、散布図を描画
plt.figure(figsize=(5, 5))
plt.scatter(df0[0], df0[1], color="b", alpha=0.5) ····青の散布図を作成
plt.scatter(df1[0], df1[1], color="r", alpha=0.5) ····赤の散布図を作成
plt.grid()
plt.show()
```

出力結果

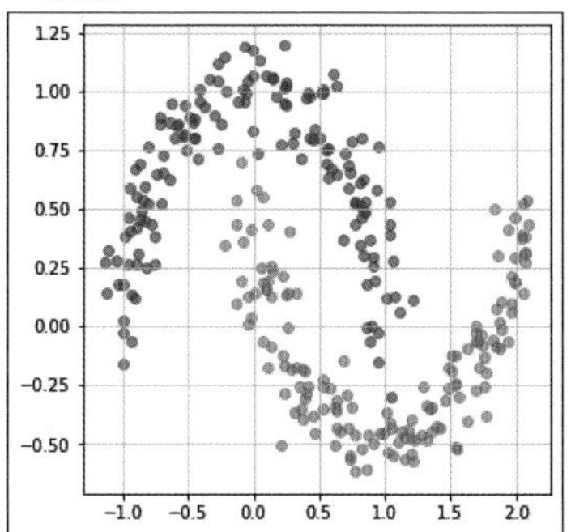

② ノイズ0のデータを作る

同じ条件で、ノイズ0の三日月データセットを作ってみましょう（リスト2.15）。ノイズがないので、ばらつきのないデータになります。

【入力プログラム】リスト2.15

```
X, y = make_moons(
    random_state=3, ················ランダムの種3
    noise=0, ·························ノイズ0
    n_samples=300) ·················300個の点

# 特徴量（X）でデータフレームを作り、分類（y）をtargetの列として追加
df = pd.DataFrame(X)
df["target"] = y
# 分類によって、別々のデータフレームに分ける
df0 = df[df["target"]==0]
df1 = df[df["target"]==1]
# 分類0は青、分類1は赤で、散布図を描画
plt.figure(figsize=(5, 5))
plt.scatter(df0[0], df0[1], color="b", alpha=0.5) ····青の散布図を作成
plt.scatter(df1[0], df1[1], color="r", alpha=0.5) ····赤の散布図を作成
plt.grid()
plt.show()
```

出力結果

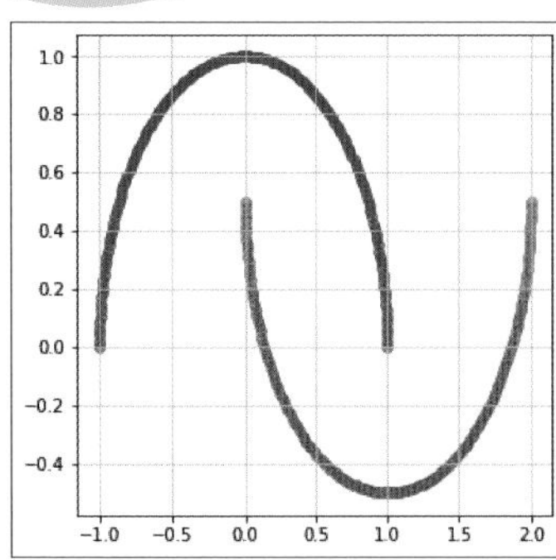

③ノイズ0.3のデータを作る

同じ条件で、ノイズ0.3の三日月データセットを作ってみましょう（リスト2.16）。ノイズが増えたので、ばらつきの多いデータになります。

【入力プログラム】リスト 2.16

```
X, y = make_moons(
    random_state=3, ·····ランダムの種3
    noise=0.3, ·············ノイズ0.3
    n_samples=300) ······300個の点

# 特徴量（X）でデータフレームを作り、分類（y）をtargetの列として追加
df = pd.DataFrame(X)
df["target"] = y
# 分類によって、別々のデータフレームに分ける
df0 = df[df["target"]==0]
df1 = df[df["target"]==1]
# 分類0は青、分類1は赤で、散布図を描画
plt.figure(figsize=(5, 5))
plt.scatter(df0[0], df0[1], color="b", alpha=0.5) ····青の散布図を作成
plt.scatter(df1[0], df1[1], color="r", alpha=0.5) ····赤の散布図を作成
plt.grid()
plt.show()
```

出力結果

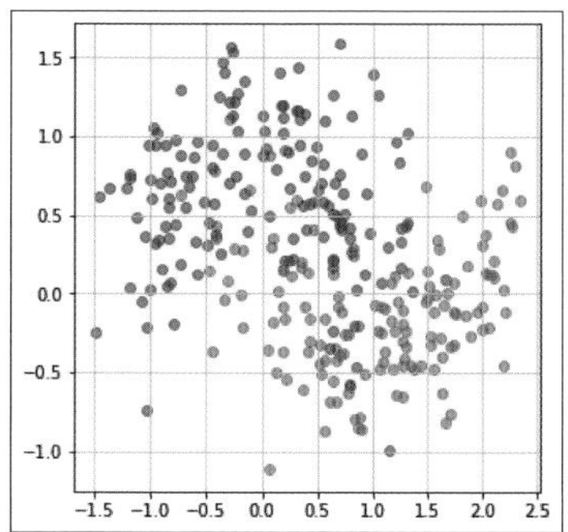

分類用データセットの自動生成（二重円）

make_circles()を使うと、「二重円のデータセット」を自動生成できます。直線で分割できないデータセットです。

パラメータで、データの個数（n_samples）や、ノイズ（noise）などを調整できます。また、ランダム生成の種にする番号（random_state）を指定して、毎回同じ形のランダムにすることができます。

- **random_state**：**ランダム生成の種にする番号**
- **n_samples**：**データの個数**
- **noise**：**ノイズ**

① ノイズ0.1のデータを作る

ランダムの種を「3」にして、ノイズ0.1、300個の点でできた二重円のデータセットを作ってみましょう（リスト2.17）。

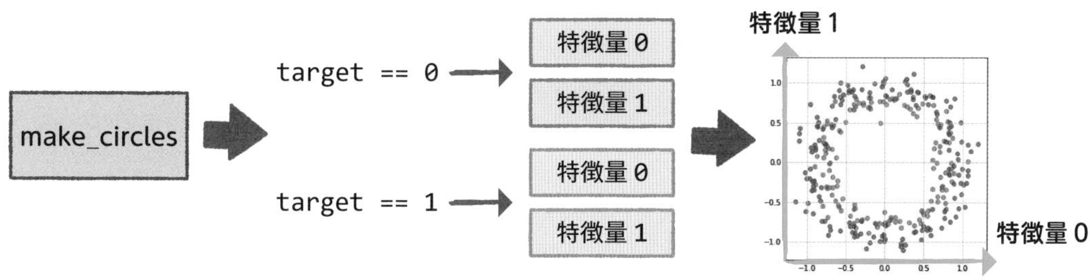

【入力プログラム】リスト2.17

```
from sklearn.datasets import make_circles
X, y = make_circles(
    random_state=3, ‥‥ランダムの種3
    noise = 0.1, ‥‥‥‥ノイズ0.1
    n_samples=300) ‥‥‥300個の点

# 特徴量（X）でデータフレームを作り、分類（y）をtargetの列として追加
df = pd.DataFrame(X)
df["target"] = y
# 分類によって、別々のデータフレームに分ける
df0 = df[df["target"]==0]
df1 = df[df["target"]==1]
# 分類0は青、分類1は赤で、散布図を描画
plt.figure(figsize=(5, 5))
plt.scatter(df0[0], df0[1], color="b", alpha=0.5) ‥‥青の散布図を作成
plt.scatter(df1[0], df1[1], color="r", alpha=0.5) ‥‥赤の散布図を作成
plt.grid()
plt.show()
```

出力結果

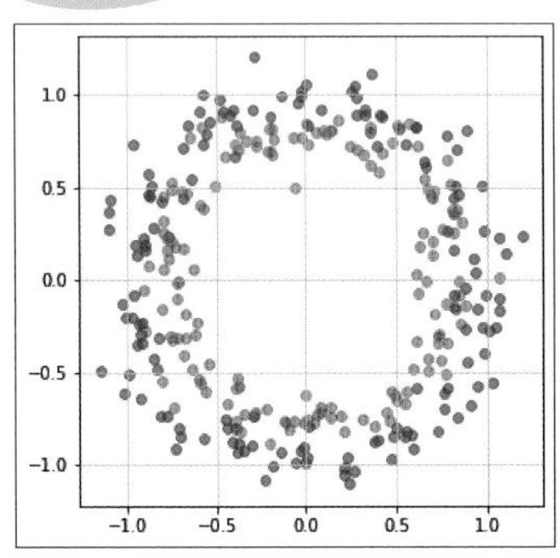

分類用データセットの自動生成（同心円）

make_gaussian_quantiles()を使うと、「同心円状のデータセット」を自動生成できます。これも直線で分割できないデータセットです。

パラメータで、データの個数（ n_samples）や、特徴量の数（n_features）、グループの

数（n_classes）などを調整できます。また、ランダム生成の種にする番号（random_state）を指定して、毎回同じ形のランダムにすることができます。

- **random_state：ランダム生成の種にする番号**
- **n_samples：データの個数**
- **n_features：特徴量の数**
- **n_classes：グループの数**

① 同心円で3つのグループのデータセットを作る

ランダムの種を「3」にして、特徴量は2つ、3つのグループの、300個の点でできた同心円のデータセットを作ってみましょう（リスト2.18）。

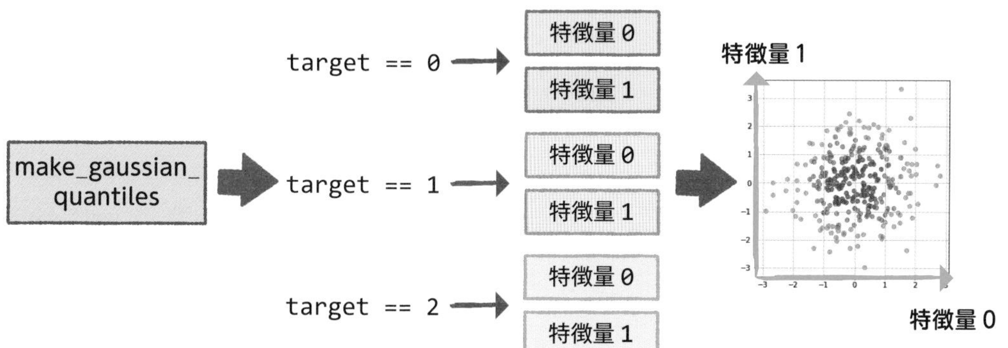

【入力プログラム】リスト2.18

```
from sklearn.datasets import make_gaussian_quantiles
X, y = make_gaussian_quantiles(
    random_state=3, ····ランダムの種3
    n_features=2, ·······特徴量2つ
    n_classes=3, ·········グループ3つ
    n_samples=300) ······300個の点

# 特徴量（X）でデータフレームを作り、分類（y）をtargetの列として追加
df = pd.DataFrame(X)
df["target"] = y
# 分類によって、別々のデータフレームに分ける
df0 = df[df["target"]==0]
```

```
df1 = df[df["target"]==1]
df2 = df[df["target"]==2]
# 分類0は青、分類1は赤、分類2は緑で、散布図を描画
plt.figure(figsize=(5, 5))
plt.scatter(df0[0], df0[1], color="b", alpha=0.5) ····青の散布図を作成
plt.scatter(df1[0], df1[1], color="r", alpha=0.5) ····赤の散布図を作成
plt.scatter(df2[0], df2[1], color="g", alpha=0.5) ····緑の散布図を作成
plt.grid()
plt.show()
```

出力結果

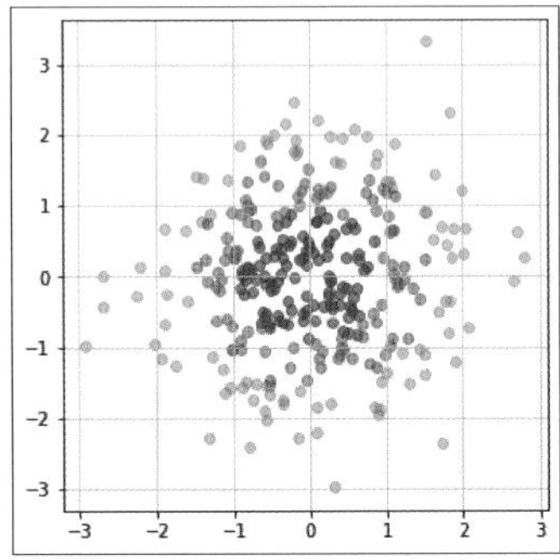

回帰用データセットの自動生成

make_regression()を使うと、「回帰のデータセット」を自動生成できます。

パラメータで、データの個数（n_samples）や、特徴量の数（n_features）、ノイズ（noise）、回帰線のy切片（bias）などを調整できます。また、ランダム生成の種にする番号（random_state）を指定して、毎回同じ形のランダムにすることができます。

- **random_state：ランダム生成の種にする番号**
- **n_samples：データの個数**
- **n_features：特徴量の数**
- **noise：ノイズ**
- **bias：y切片**

① ノイズ10で、Xが0のときyが100を通る線のデータセットを作る

ランダムの種を「3」にして、特徴量は1つ、ノイズ10、Xが0のときyが100を通る線の、300個の点でできたデータセットを作ってみましょう（リスト2.19）。

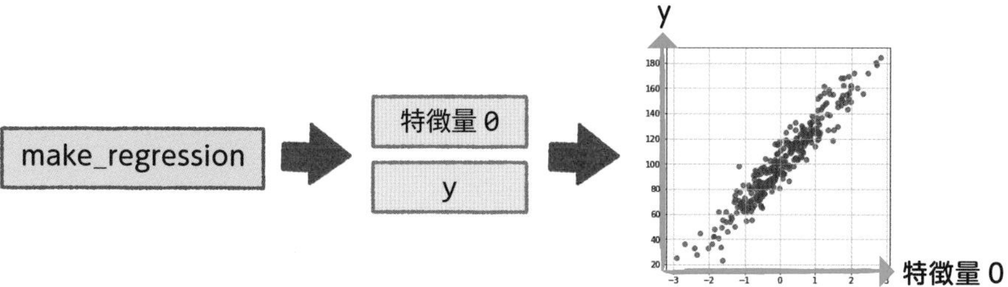

【入力プログラム】リスト 2.19

```
from sklearn.datasets import make_regression
X, y = make_regression(
    random_state=3, ····ランダムの種3
    n_features=1, ·······特徴量1つ
    noise=10, ·············ノイズ10
    bias = 100, ··········y切片100
    n_samples=300) ······300個の点

# データフレームを作り
df = pd.DataFrame(X)
#「特徴量0」と「y」で、散布図を描画
plt.figure(figsize=(5, 5))
plt.scatter(df[0], y, color="b", alpha=0.5) ·············青の散布図を作成
plt.grid()
plt.show()
```

出力結果

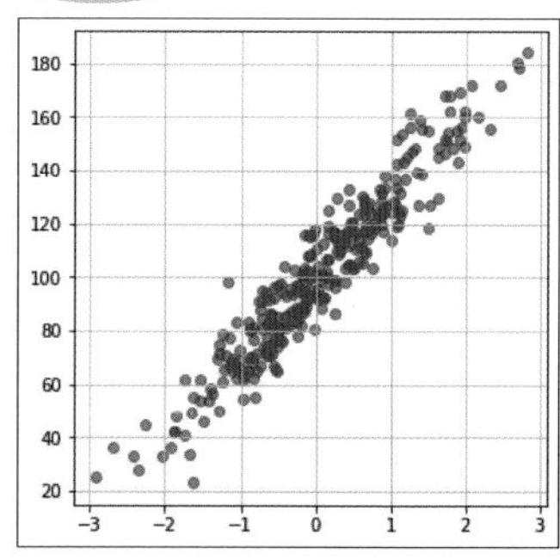

② ノイズ0で、Xが0のときyが100を通る線のデータセットを作る

同じ条件で、ノイズ0のデータセットを作ってみましょう（リスト2.20）。

【入力プログラム】リスト 2.20

```
from sklearn.datasets import make_regression
X, y = make_regression(
    random_state=3, ················ランダムの種3
    n_features=1, ···················特徴量1つ
    noise=0, ························ノイズ0
    bias = 100, ·····················y切片100
    n_samples=300) ··················300個の点

# データフレームを作り
df = pd.DataFrame(X)
#「特徴量0」と「y」で、散布図を描画
plt.figure(figsize=(5, 5))
plt.scatter(df[0], y, color="b", alpha=0.5) ·············青の散布図を作成
plt.grid()
plt.show()
```

出力結果

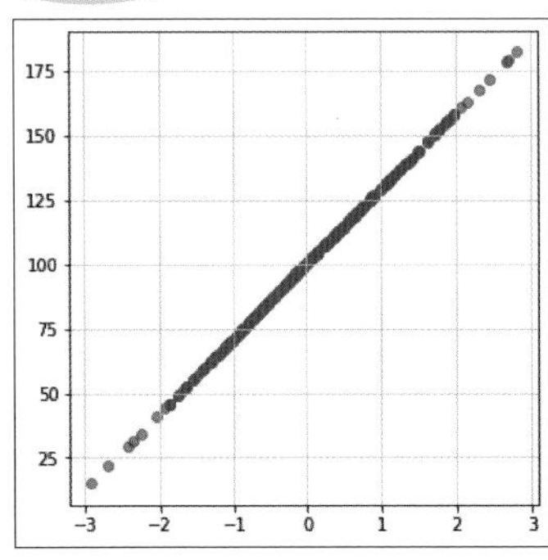

第3章

機械学習の手順を理解しよう

さて、ここからは
機械学習のしくみを
順を追って見ていこう！
順番があるの？

そう
しっかりとした
手順で行わないと
いけないんだ
データを
読み込んでもらう
だけじゃ
ダメなのね？

そうそう
まずデータを用意して
学習用とテスト用に
分ける
学習用
テスト用

次にモデルを選んで
学習する
それをテストし
新しい値を与えて
予測する…
という流れなんだ
Test
Test
Test
おう！
たいへんそう！

いやいや
1つずつ手順を踏めば
難しいことじゃないよ
そうなんだ！

じゃあ！
手順を見ていこう！
オッス！

この章でやること

サンプルデータを
用意してみよう！

データを用意する

学習用とテスト用に
分けてみよう！

学習用とテスト用に分ける

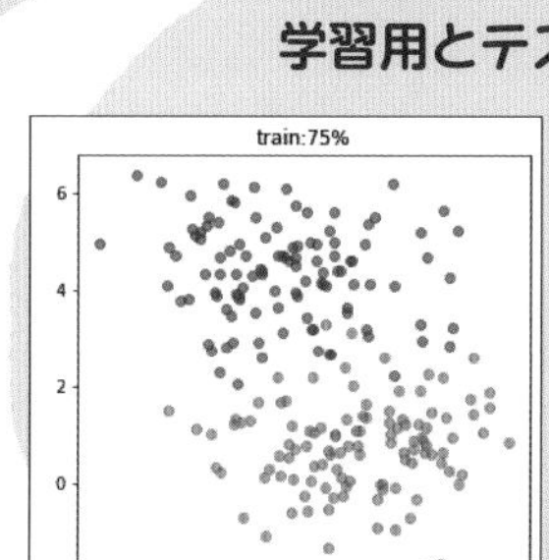

test:25%

わかりやすく
プロットされたね

学習して予測する

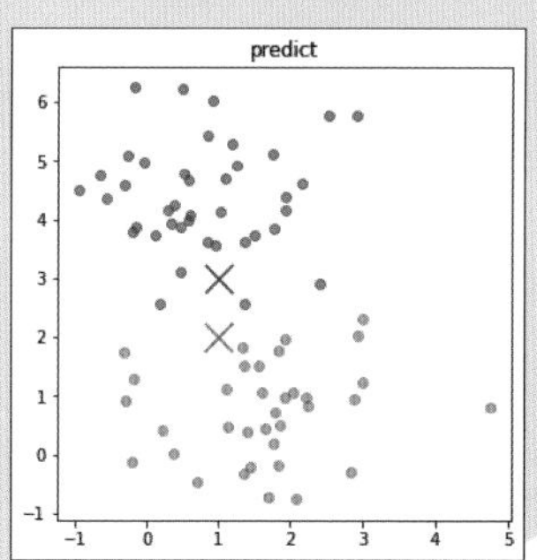

分類を可視化する

わかりやすい
図になったよ！

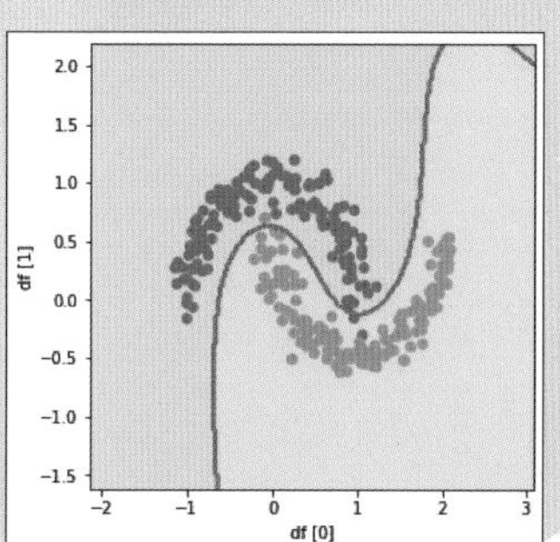

データを用意する

これから機械学習の手順を体験していきましょう。まずは、データが必要です。データを用意しましょう。

それでは、いよいよ機械学習のプログラミングを体験していこう。。機械学習の中でもイメージしやすい「教師あり学習」を中心に解説していくよ。

「機械」の「学習」だって！　ネジとか歯車とかを使いそう。

そんなことはないよ。私たちとよく似た方法で学習するんだよ。

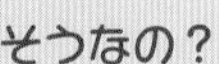

そうなの？

学校のテスト勉強に似ているかな。テスト勉強では、問題をたくさん解いて学習していくよね。機械学習も同じように、たくさんの問題で学習していくんだ。

人工知能くんも問題集で勉強するのか。

問題集が終わったら、ちゃんと理解できたかどうかをテストをする。テストの成績によって、学習できてるかが、わかるというわけだ。

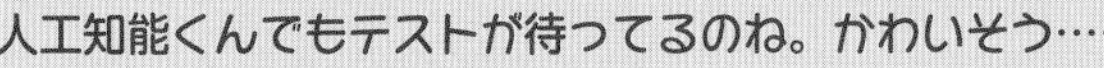

人工知能くんでもテストが待ってるのね。かわいそう……

でも、コンピュータはたくさんのくり返しは得意だから平気なんだ。たくさんの問題の学習もあっという間にできちゃうんだよ。

えっ、いいなあ。うらやましいなあ。

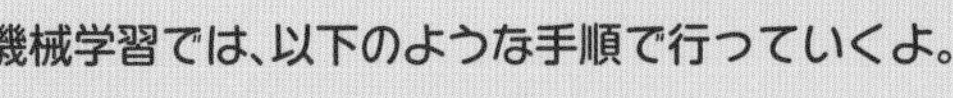

機械学習では、以下のような手順で行っていくよ。

①データを用意する
②データを学習用とテスト用に分ける
③モデルを選んで、学習する
④モデルをテストする
⑤新しい値を渡して、予測する

実際は、これの①〜④をくり返し行って調整していって、だんだん使える人工知能になるんだけど、今回は簡単に一通り見ていこう。「2種類のものを分類する学習」を体験してみるよ。

ワクワク。

1 新規ノートブックを作る

最初に、この章のプログラムを書き込んでいくノートブックを用意しましょう。

【Colab Notebookの場合】ダイアログで「ノートブックを新規作成」をクリックします(【Jupyter Notebookの場合】右上の［New▼］メニューから［Python 3］を選択します)。❶左上のファイル名を「MLtest3.ipynb」などに変更しましょう。

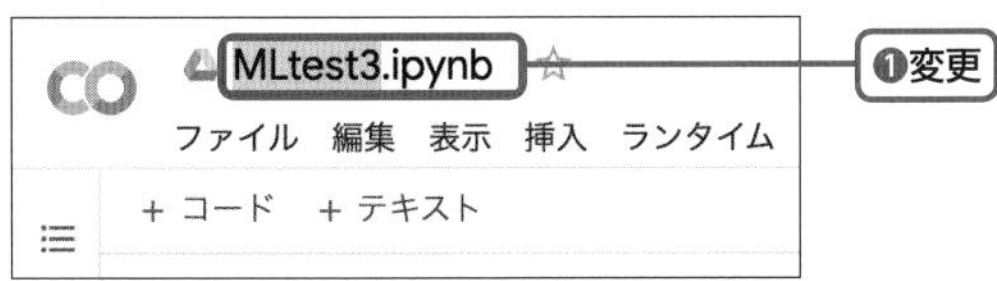

2 試してみよう

機械学習の例として、「ものを2種類に分類する学習」を行いましょう。まず最初に、データが必要です。わかりやすいデータを用意したいので、自動生成して作ります。

ものを2種類に分類したいのですから、make_blobsで「2つの塊（分類）ができるデータ」を自動生成します。特徴量も2つにしましょう（リスト3.1）。そうすれば、データの様子を2Dの散布図で確認しやすくなります。ばらつきは適度な1にして、データの個数は300個にして、「毎回同じランダムなデータ」にするために、ランダムの種は「0」に指定します。

【入力プログラム】リスト3.1

```
from sklearn.datasets import make_blobs
# ランダムの種が「0」で、特徴量は2つ、塊数は2つ、ばらつき1の、300個のデータセット
X, y = make_blobs(
    random_state=0,··················ランダムの種0
    n_features=2,····················特徴量2つ
    centers=2,  ·····················塊数2つ
    cluster_std=1, ··················ばらつき1
    n_samples=300) ··················300個の点
```

make_blobsを実行すると、2つの塊（分類）に分かれるデータが作られ、特徴量がXに、その分類がyに返ってきます。この特徴量（X）でデータフレームを作りましょう（リスト3.2）。さらに分類（y）をデータフレームに追加して、各行がどちらの分類かがわかるようにします。先頭の5行を表示してみましょう。

【入力プログラム】リスト3.2

```
import pandas as pd

# 特徴量（X）でデータフレームを作り、分類（y）をtargetの列として追加
df = pd.DataFrame(X)
df["target"] = y
df.head()
```

出力結果

	0	1	target
0	3.359415	5.248267	0
1	2.931100	0.782556	1
2	1.120314	5.758061	0
3	2.876853	0.902956	1
4	1.666088	5.605634	0

targetが、0、1、0、1、0と並んでいます。これが各データの分類です。

データの分布を視覚的に確認してみましょう。散布図で描画します（リスト3.3）。分類で色分けするために、分類（target）が0ならdf0に、1ならdf1に入れて、2つのデータフレームに分けておきます。df0は青色（b）、df1は赤色（r）で、重なっても透けるように、半透明（alpha=0.5）にして描きます。

【入力プログラム】リスト 3.3

```
import matplotlib.pyplot as plt
%matplotlib inline

# 分類によって、別々のデータフレームに分ける
df0 = df[df["target"]==0]
df1 = df[df["target"]==1]
# 分類0は青、分類1は赤で、散布図を描画
plt.figure(figsize=(5, 5))
plt.scatter(df0[0], df0[1], color="b", alpha=0.5) ････青の散布図を作成
plt.scatter(df1[0], df1[1], color="r", alpha=0.5) ････赤の散布図を作成
plt.show()
```


出力結果

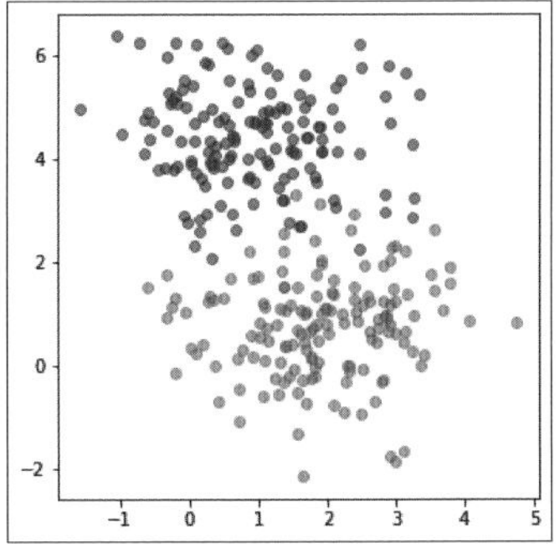

ほら。「青と赤の分類しやすそうなデータ」ができた。この２種類を分類する機械学習を行ってみよう。

でも、真ん中は少し混ざってるよ〜。

きれいに分割できたら簡単すぎるでしょう。わざと適度にばらつかせて、少し混ざるようにしたんだ。

ちょっと難しい問題を出して、どんな風にがんばるかを試すのね。

データを学習用とテスト用に分ける

機械学習では、データを学習用とテスト用に分けて使います。学習用データを使って学習し、テスト用データで正しく学習できたかを確認します。

機械学習を行うときは、データを学習用とテスト用に分けておくんだ。データをすべて使って学習させるのではなく、テスト用データは使わないで残しておくんだよ。

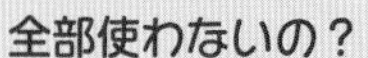

全部使わないの？

すべてのデータを使って学習させてしまうと、「データを丸暗記しただけ」なのか「しっかり学習できた」のか、わからなくなるからだ。

どういうこと？

例えば、フタバちゃんが学校でテストを受けるとする。でも時間がないから、問題集の一部分だけを丸暗記したとするよね。そしてもし、偶然暗記した問題ばかりが出て80点取れたら、それって本当に学習できたんだろうか。

80点取れたんだから、すごいじゃな～い！

でも、その知識ってフタバちゃんの将来の役に立つと思う？

そのときはうれしいけど、きっと将来の役には立たないね。

だよね。その場かぎりでいい点が取れても、応用力は身についていない。機械学習でも同じだ。本当にさせたいことは「用意したデータを覚えさせること」じゃない。「新たなデータが来たとき、正しく判断できる応用力」を身につけさせたいんだ。

そっか。人工知能くんが答えるのって、人間が質問してくる「新しい問題」だもんね。

そこで、データを学習用とテスト用に分けて、ちゃんと応用力が付いているかを調べるんだ。例えば、100問あったとしたら、それを75問と25問に分けておく。

75問と、25問？

問題の順番が影響しないように、シャッフルしてから分割するよ。まず、分けた75問の問題だけで学習する。そして学習が完了したら、やっていない25問の問題でテストをする。ちゃんと応用力が付いていないといい点は取れないよね。

なるほどね。

悪い点だったら、学習方法を変えたり、問題を見なおしたりして学習し直す。そして、またテストをして……と、これをくり返していくことで「正しい判断のできる応用力が身につく」というわけだ。

人工知能くんも、大変なのね。

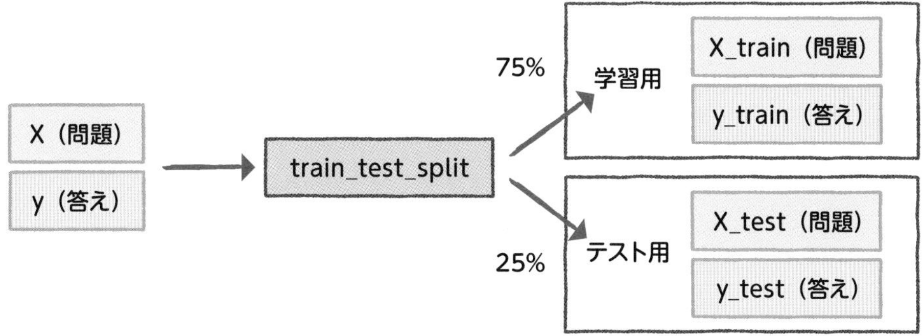

では、自動生成したデータを学習用とテスト用に分けましょう。

「特徴量（説明変数）X」と「その分類（目的変数）y」のデータを、学習用とテスト用に分割します。

データを分割する命令はtrain_test_splitです。これに、Xとyを渡します。毎回変わってしまわないようにランダムの種は「0」に固定して、次のように命令します。

データを分割する書式

```
X_train, X_test, y_train, y_test =
    train_test_split(X, y, random_state=0)
```

命令を実行すると、Xとyがペアでランダムにシャッフルされて、75%が学習用として、25%がテスト用として分割されて返ってきます。

- **X_trainは、学習用データの問題（説明変数）、**
- **y_trainは、学習用データの答え（目的変数）、**
- **X_testは、テスト用データの問題（説明変数）、**
- **y_testは、テスト用データの答え（目的変数）です。**

実際に分割しましょう。また、どんなデータになったかを散布図で描いて確認します（リスト3.4）。

【入力プログラム】リスト3.4

```
# 学習用データ、テスト用データに分ける
from sklearn.model_selection import train_test_split
X_train, X_test, y_train, y_test = train_test_split(X, y, ↵
random_state=0) ··········データを分割

# 学習用の特徴量（X_train）でデータフレームを作り、分類（y_train）を↵
targetの列として追加
df = pd.DataFrame(X_train) ····························学習用データフレームを作成
df["target"] = y_train
# 分類によって、別々のデータフレームに分ける
df0 = df[df["target"]==0]
df1 = df[df["target"]==1]
plt.figure(figsize=(5, 5))
# 分類0は青、分類1は赤で、散布図を描画
plt.scatter(df0[0], df0[1], color="b", alpha=0.5) ····青の散布図を作成
```

```
plt.scatter(df1[0], df1[1], color="r", alpha=0.5) ····赤の散布図を作成
plt.title("train:75%")
plt.show()

# テスト用の特徴量（X_test）でデータフレームを作り、分類（y_test）を↵
targetの列として追加
df = pd.DataFrame(X_test) ······························テスト用データフレームを作成
df["target"] = y_test
# 分類によって、別々のデータフレームに分ける
df0 = df[df["target"]==0]
df1 = df[df["target"]==1]
plt.figure(figsize=(5, 5))
# 分類0は青、分類1は赤で、散布図を描画
plt.scatter(df0[0], df0[1], color="b", alpha=0.5) ····青の散布図を作成
plt.scatter(df1[0], df1[1], color="r", alpha=0.5) ····赤の散布図を作成
plt.title("test:25%")
plt.show()
```

LESSON 07

出力結果

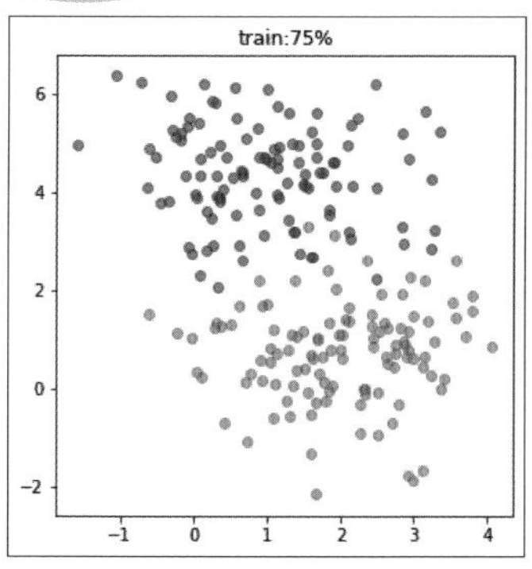

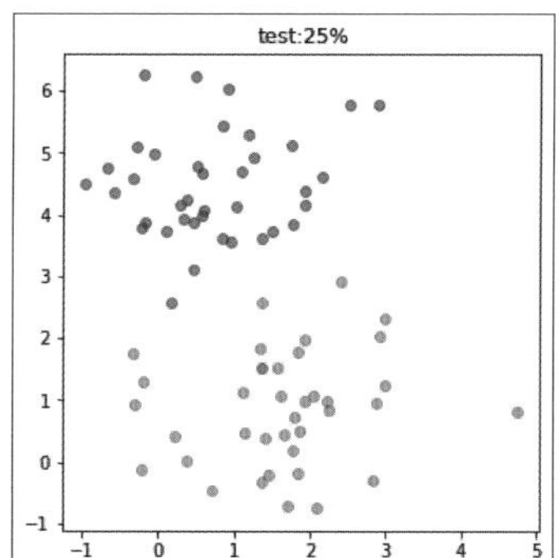

なるほど。75%と25%では点の数が違うだけでなく、よ〜く見ると点の位置も微妙に違うね。でも全体としては、青と赤の分かれ方は似てる。

この「75%の点の位置を丸暗記」しても、「残り25%」に同じ点がなかったりするから、丸暗記してもテストでいい点を取れないだろうと考えられるよね。でも、分かれ方の法則性を理解できていれば、いい点が取れるだろうというわけだ。

LESSON 08

モデルを選んで、学習する

準備ができたら、モデルを選んで学習を行います。これまでの準備は大変でしたが、学習は一瞬ですよ。

学習用データの準備ができたら、いよいよ機械学習の本体を作ろう。それが「モデル」だ。モデルとは学習できる箱のようなもので、モデルには「この学習方法を使えば効率良く学習できるだろう」という学習方法が入っている。このモデルに学習用データを渡して育てていくんだ。

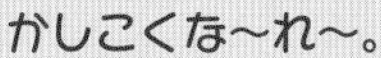

かしこくな〜れ〜。

「学習方法」にはいろいろな種類があり、これを「アルゴリズム」というんだ。

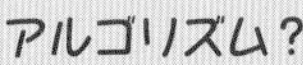

アルゴリズム？

scikit-learnには、いろいろな機械学習のアルゴリズムが用意されている。選ぶだけで使えるんだよ。

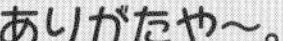

ありがたや〜。

どんな種類のアルゴリズムがあるかについては、4章で説明していくので、今回はその中のSVM（サポートベクターマシン）を使ってみるよ。

了解っ！

といっても、実際の学習はとても短い（リスト3.5）。たった2行だ。「モデルを作る」と、「そのモデルに、fit命令でデータを渡して学習させる」の2つの命令でできるんだ。さっき作った学習用データの「問題（X_train）」と「答え（y_train）」をfit命令に渡すよ。

【入力プログラム】リスト 3.5

```
from sklearn import svm
# サポートベクターマシンで学習モデルを作る
model = svm.SVC()
# 学習用データを渡して学習する
model.fit(X_train, y_train)
```


出力結果

```
SVC(C=1.0, break_ties=False, cache_size=200, class_weight=None, ↵
coef0=0.0,
    decision_function_shape='ovr', degree=3, gamma='scale',↵
    kernel='rbf', max_iter=-1, probability=False,↵
    random_state=None, shrinking=True, tol=0.001, verbose=False)
```

※ Jupyter Notebook では「SVC()」とだけ表示されて、パラメータが表示されない場合がありますが、問題ありません。

はい。学習できました。「こんなパラメータで学習しましたよ」って報告が出力されたね。学習はこれで終わりだ。

え、ええ〜〜っ！　もう終わりなの？　学習早すぎる。わたしにもfit命令があったらいいのにな〜。

LESSON 09

正しく学習できているかを、テスト用データを使って確認します。問題を渡して予測させ、どのくらい正解するかを調べます。

学習できたら、テストをして、うまく学習できたか確認しよう。

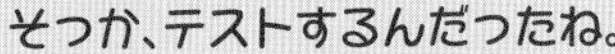

分けていた「テスト用データの問題（X_test）」をpredict命令に渡して、その答えを予測させるんだ。

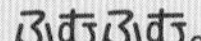

本当の答えの「テスト用データの答え（y_test）」があるわけだから、「機械学習で予測された答え」と「本当の答え」を比較してどのくらいの正解率なのかがわかるというわけだ。

まず、predict命令に「テスト用データの問題（X_test）」を渡して予測させます。今回はその予測結果を、色分けした散布図にして確認してみましょう（リスト3.6）。

【入力プログラム】リスト3.6

```
# テスト用データのすべてで予測する
pred = model.predict(X_test)
```

```
# テスト用の特徴量（X_test）でデータフレームを作り、予測結果（pred）を⏎
targetの列として追加
df = pd.DataFrame(X_test)
df["target"] = pred
# 分類によって、別々のデータフレームに分ける
df0 = df[df["target"]==0]
df1 = df[df["target"]==1]
# 分類0は青、分類1は赤で、散布図を描画
plt.figure(figsize=(5, 5))
plt.scatter(df0[0], df0[1], color="b", alpha=0.5)
plt.scatter(df1[0], df1[1], color="r", alpha=0.5)
plt.title("predict")
plt.show()
```


出力結果

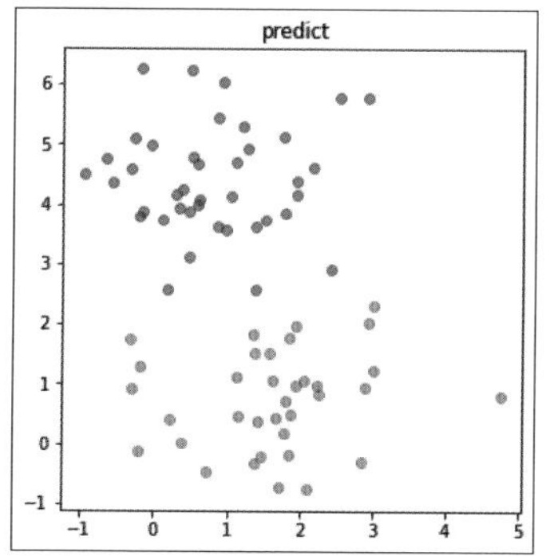

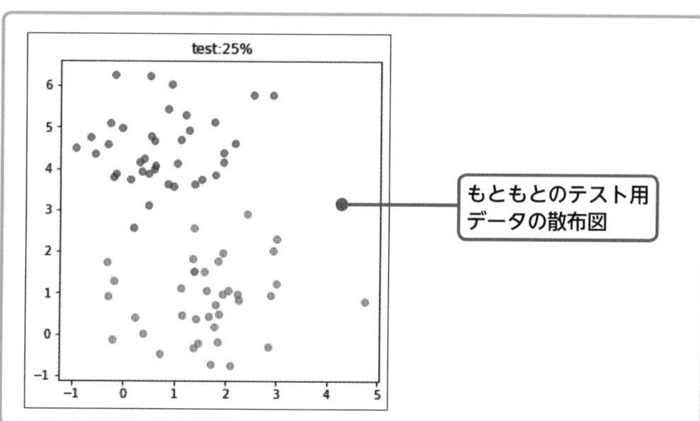

あれ？　この散布図、もともとの散布図と同じだよ。

そっくりに見えるよね。でもよく見てみよう。赤い点が青くなったところがあるよ。つまり、「本当の答えは赤」なんだけど「予測では青」と思ったところがあるってことだ。

なるほど。予測だから違うことがあるんだね。

ではこの正解率を調べよう。accuracy_score命令に正解データと予測データを渡すと、どのくらい正解したかがわかるんだ。

いよいよ採点だね。

本当はこの評価方法はとても重要で、いろいろな確認を行うんだけど、今回は簡単にこの1つだけで見ているよ（リスト3.7）。

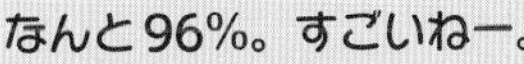

【入力プログラム】リスト3.7

```
from sklearn.metrics import accuracy_score

# 正解率を調べる（テストデータで）
pred = model.predict(X_test)
score = accuracy_score(y_test, pred)
print("正解率:", score*100, "%")
```

出力結果

```
正解率: 96.0 %
```

なんと96%。すごいねー。

まあ、わざと分類しやすいデータを自動生成したからね。

新しい値を渡して、予測する

うまく学習できたら、新しい値を渡して予測を行いましょう。

うまく学習できたようだから、次は「新しいデータ」を渡して予測をさせてみよう。

人工知能くんに問題を出すのね。

新たな値を渡して、答えを予測（predict）させてみましょう。

この機械学習では、2つの特徴量（説明変数）を使って学習させました。ですので予測も、2つの特徴量（説明変数）を渡して予測します。

例として、2種類のデータを渡して予測結果を見てみましょう。1つ目は、説明変数が「1と 3」のデータ、2つ目は、説明変数が「1 と 2」のデータです（リスト3.8）。これらは、「分類の境界付近」にある架空のデータです。これらを渡して、どちらに分類されるのかを見てみましょう。

【入力プログラム】リスト 3.8

```
# 説明変数が「1 と 3」、の結果を予測
pred = model.predict([[1,3]])
print("1,3=",pred)

# 説明変数が「1 と 2」、の結果を予測
pred = model.predict([[1,2]])
print("1,2=",pred)
```

出力結果

```
1,3= [0]
1,2= [1]
```

説明変数が「1 と 3」の場合は「分類が0」、説明変数が「1 と 2」の場合は「分類が1」だと予測されました。

これらのデータを先ほどの散布図の［1, 3］、［1, 2］の位置にXマークを描いて確認してみましょう（リスト3.9）。

【入力プログラム】リスト 3.9

```
# 散布図上に、[1,3]、[1,2] の位置にXを描画
plt.figure(figsize=(5, 5))
plt.scatter(df0[0], df0[1], color="b", alpha=0.5) ····青の散布図を作成
plt.scatter(df1[0], df1[1], color="r", alpha=0.5) ····赤の散布図を作成
plt.scatter([1], [3], color="b", marker="x", s=300) ····青のマーカーを表示
plt.scatter([1], [2], color="r", marker="x", s=300) ····赤のマーカーを表示
plt.title("predict")
plt.show()
```

出力結果

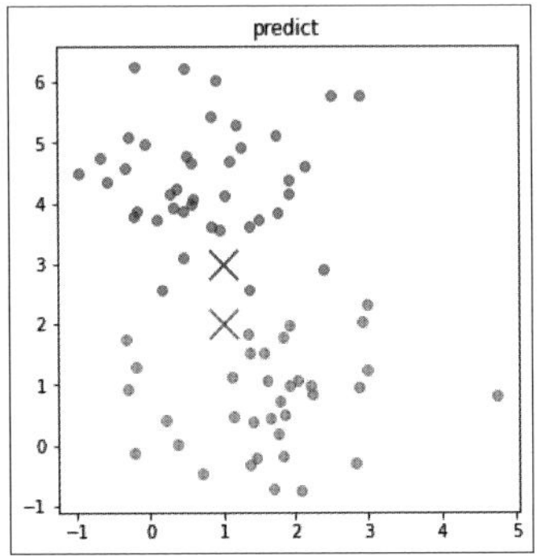

「青になりそうな場所の点は青」で、「赤になりそうな場所の点は赤」になっているってわけね。

ちゃんと予測できているというのが、目で見て確認できるとイメージしやすいね。

LESSON 11

分類の状態を可視化しよう

機械学習がどのように分類を行っているのかを可視化してみましょう。分類の様子を色分けして描画する関数を作ります。

ハカセっ。「なんとなく分類できてる」ってわかったけど、もっと「あ～、なるほど」ってわかる方法ってないの～？

機械学習の手順ではないんだけど、「学習した分類の状態」を可視化できたらわかりやすいよね。やってみようか。

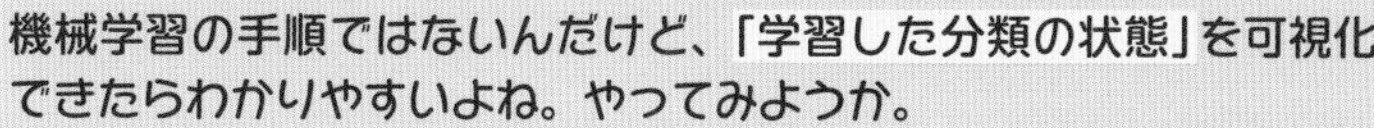

やったー。

どのように分類できているかを見る方法としては、「グラフ上のすべての点の分類を総当たりで調べる」という方法がある。グラフ上のすべての点を調べて、どの分類なのかで色分けして塗りつぶしていくんだ。

ひゃー、大変そう。

でもコンピュータだから平気だよ。

あ、そっか。

np.meshgridという命令を使えば、グラフをマス目状に区切った点のデータを作ることができる。この点それぞれがどの分類になるか調べて、plt.pcolormesh命令を使えば、グラフ全体をマス目状に色で塗りつぶすことができるんだ。試してみよう。

np.meshgrid命令を使うと、グラフをマス目状に区切った点データを作ることができます（リスト3.10）。各点データの分類の値を調べてからplt.pcolormesh命令を使うと、グラフ全体をマス目状に色で塗りつぶすことができます。どんな表示になるのかテストしてみましょう。3×3、8×8、100×100と3種類の粗さでデータを作り、虹色（rainbow）のグラデーションで塗りつぶします。

【入力プログラム】リスト3.10

```
import matplotlib.pyplot as plt
import numpy as np

plt.subplots(figsize=(15, 5))

# pcolormeshを使うと、表示範囲を分割して塗りつぶすことができる
# 3x3、8x8、100x100と細かくするほどなめらかになる
sizelist = [3,8,100] ·····································3種類の粗さのリスト
for i in range(3):
    size=sizelist[i]
    X, Y = np.meshgrid(np.linspace(0, 10, size+1), ·······点データを作成
                       np.linspace(0, 10, size+1))
    C = np.linspace(0,100,size*size).reshape(size, size)
    plt.subplot(1, 3, i+1)
    plt.pcolormesh(X, Y, C, cmap="rainbow")·············虹色で塗りつぶす

plt.show()
```

出力結果

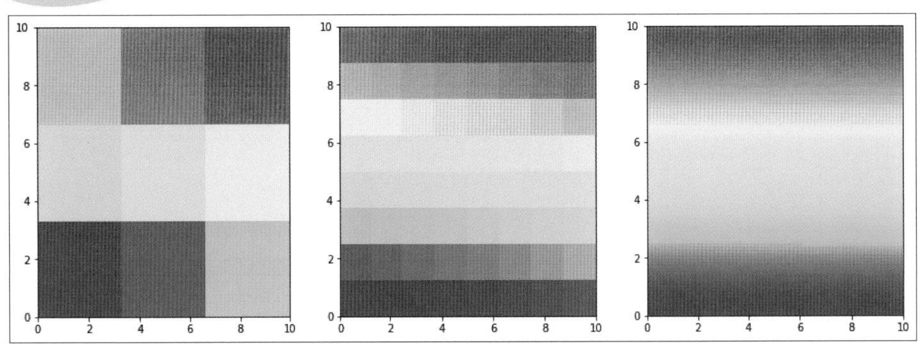

マス目が細かくなると、なめらかになるね。

これを利用して「分類の状態を描く関数」を作ってみるよ(リスト3.11)。グラフ上のすべての点を予測して、どの分類なのかを塗りつぶしていくんだ。ちょっと長いプログラムだけど、がんばろう。このあと、何度も使える便利な関数だよ。

わ〜ん。一気に難易度が上がったよ〜。

これは機械学習の本筋ではないので中身は理解できなくてもいいよ。でも、一応プログラムにコメントを付けたので、参考にしてみてね。

入力をラクしちゃおうっと。この本の10ページを見ればサンプルデータをダウンロードできるんだよね。「plot_boundary.txt」にプログラムが書いてあるから、コピーしちゃおうっと。

【入力プログラム】リスト 3.11 (plot_boundary.txt)

```
import numpy as np
import matplotlib.pyplot as plt
from matplotlib.colors import ListedColormap

# 散布図に分類の状態を描画する関数
def plot_boundary(model, X, Y, target, xlabel, ylabel):
    # 点と塗りのカラーマップ
    cmap_dots = ListedColormap([ "#1f77b4", "#ff7f0e", ↵
"#2ca02c"])
    cmap_fills = ListedColormap([ "#c6dcec", "#ffdec2", ↵
"#cae7ca"])

    plt.figure(figsize=(5, 5))
    # モデルがあれば、表示範囲の点をすべて予測して色を塗る
    if model:
        # 表示範囲を少し広げて分割し、調べる点（200x200）を用意する
        XX, YY = np.meshgrid(
            np.linspace(X.min()-1, X.max()+1, 200),
            np.linspace(Y.min()-1, Y.max()+1, 200))
```

```
        # すべての点の値を、モデルで予測する
        pred = model.predict(np.c_[XX.ravel(), YY.ravel()]).↵
reshape(XX.shape)
        # 予測結果の値（0~2）の色（cmap_fills）で塗りつぶす
        plt.pcolormesh(XX, YY, pred, cmap=cmap_fills, ↵
shading="auto")
        # 境界を灰色で塗る
        plt.contour(XX, YY, pred, colors="gray")
    # targetの値（0~2）の色（cmap_dots）で点を描画する
    plt.scatter(X, Y, c=target, cmap=cmap_dots)
    plt.xlabel(xlabel)
    plt.ylabel(ylabel)
    plt.show()
```

このplot_boundary関数の使い方をざっくりと説明しよう。引数として、学習済みモデル、X軸に使う特徴量、Y軸に使う特徴量、分類の値、X軸用ラベル、X軸用ラベルを設定すると、「データの散布図」と「学習済みモデルでどのような分類になっているか」を描けるのだ。

ふ〜ん。

しかも、「学習済みモデル」を「None（なし）」にすると、散布図だけの描画ができるというオマケ付きだ。と、説明するよりやってみるほうが早いね。実際に試してみよう。

書式：散布図に分類の状態を描画する関数

```
plot_boundary(model, X, Y, target, xlabel, ylabel)
```

- model = 分類を行う学習済みモデル（Noneにすると、散布図だけの描画になる）
- X = X軸に使う特徴量
- Y = Y軸に使う特徴量
- target = 分類の値
- xlabel = X軸用ラベル
- ylabel = Y軸用ラベル

では、「ものを2種類に分類する学習」の「学習した状態の散布図」を見てみよう（リスト3.12）。テスト用の特徴量でデータフレーム（df）を作り、学習モデルに渡して、予測データ（pred）を作る。これを、plot_boundary関数に渡してみよう。引数の1番目をNone（なし）にすると、散布図だけが描かれるんだ。以下の3つの命令だけで、描けるんだよ。

【入力プログラム】リスト3.12

```
# テスト用の特徴量（X_test）でデータフレームを作る
df = pd.DataFrame(X_test)

# テスト用の特徴量（X_test）を渡して、予測データを作る
pred = model.predict(X_test)

# 散布図だけを描画する
plot_boundary(None, df[0], df[1], pred, "df [0]", "df [1]")
```


出力結果

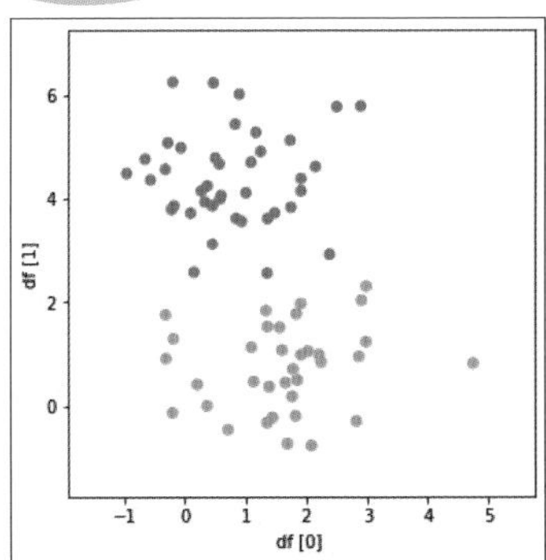

これまで何行も使って書いてた「色違いの散布図」が、たった1行でできたね。

それでは、これに「学習した分類の状態」を加えて描画してみよう（リスト3.13）。plot_boundaryの引数の1番目に、学習モデル（model）を渡すよ。

【入力プログラム】リスト3.13

```
# 分類の状態を描画する
plot_boundary(model, df[0], df[1], pred, "df [0]", "df [1]")
```

出力結果

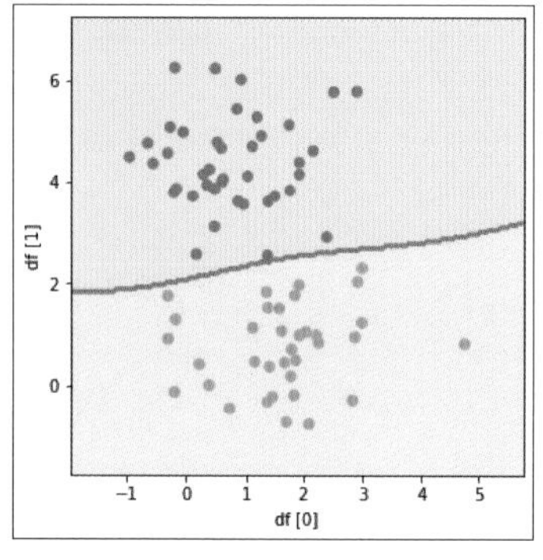

おおぉ！　色分けされた。こんな風に分類されてるんだね！

境目がわかるように、境界線をグレーで描いてみたよ。

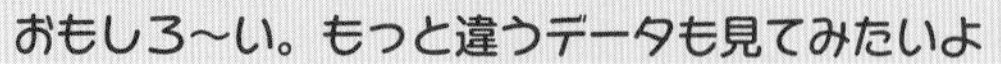

じゃあ、make_moonsを使って「三日月型の塊」の場合を試してみよう。これは直線で分割できないデータだよ。

make_moonsで三日月型のデータセットを作り、モデルを作って学習させて、その学習した分類の状態を散布図に描画しましょう（リスト3.14）。

```
from sklearn.datasets import make_moons

# ランダムの種が3、ノイズ0.1、300個の三日月型のデータセット
X, y = make_moons(random_state=3,  ……………三日月型を作成
                  noise=0.1,
                  n_samples=300)
```

```
# 特徴量データ（X)で、データフレームを作り
df = pd.DataFrame(X)
# モデルを作って学習する
model = svm.SVC()
model.fit(X, y)
# 分類の状態を描画する
plot_boundary(model, df[0], df[1], y, "df [0]", "df [1]")
```

出力結果

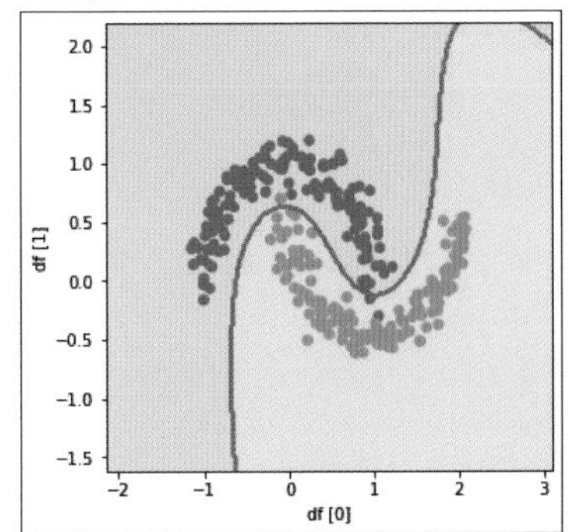

すご〜い。ぐにゃ〜〜と曲がってるんだ。

もうひとつ試してみよう。make_circlesを使って「二重円型の塊」だ。

make_circlesで二重円型のデータセットを作り、モデルを作って学習させて、その学習した分類の状態を散布図に描画しましょう（リスト3.15）。

【入力プログラム】リスト3.15

```
from sklearn.datasets import make_circles

# ランダムの種が3、ノイズ0.1、300個の二重円型のデータセット
X, y = make_circles(random_state=3,  ……………二重円を作成
                    noise = 0.1,
                    n_samples=300)
```

```
# 特徴量データ（X)で、データフレームを作り
df = pd.DataFrame(X)
# モデルを作って学習する
model = svm.SVC()
model.fit(X, y)
# 分類の状態を描画する
plot_boundary(model, df[0], df[1], y, "df [0]", "df [1]")
```

出力結果

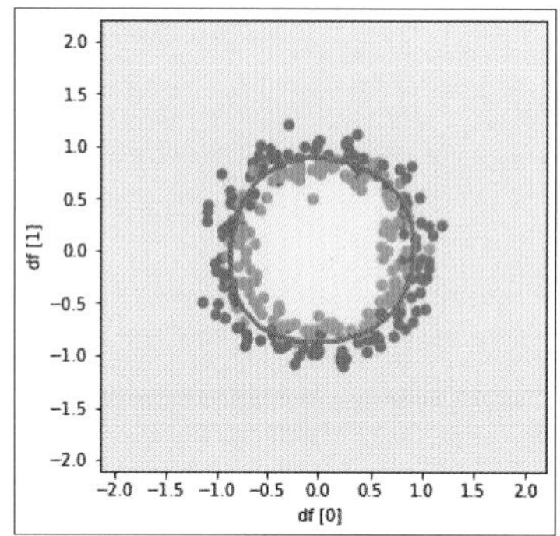

なるほどね～。円の内と外とで区切られてるんだ。

可視化できると、分類の状態がわかりやすくなるね。

第4章

機械学習のいろいろなアルゴリズム

機械学習には
いろんな「アルゴリズム」が
あるんだ

アルゴリズム？
何それ？

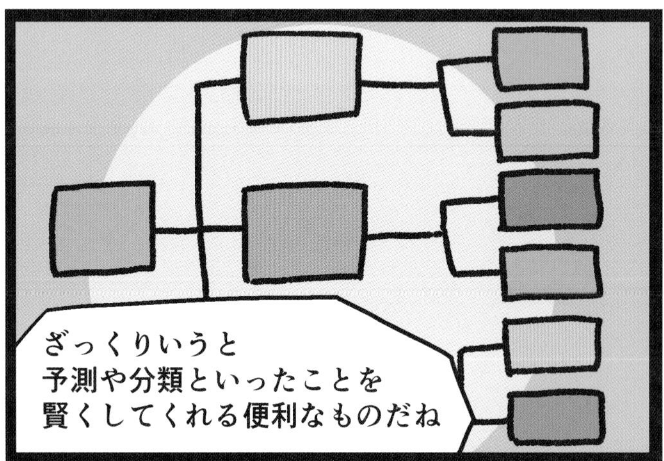
ざっくりいうと
予測や分類といったことを
賢くしてくれる便利なものだね

おー！
それは便利！

アルゴリズムの
しくみがわかると
さらに人工知能の理解も進むよ
AI
たのしみー！

それじゃあ
見ていこう！
お願いしまっす！

この章でやること

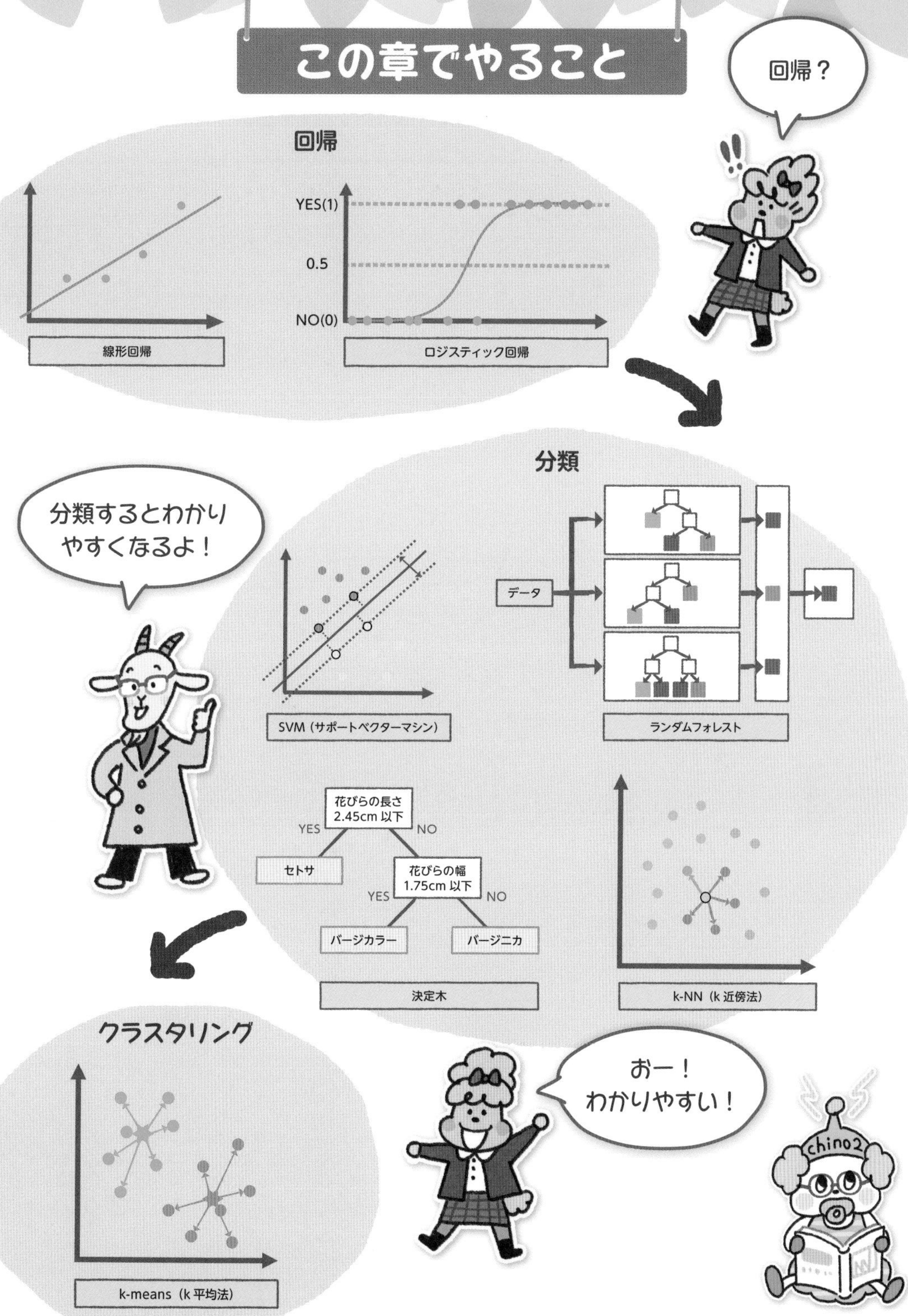

Intro duction

回帰：線形回帰

【線形回帰】予測したい状況を数値で入力すると、予測結果を数値で出力するアルゴリズム

機械学習の基本的な手順がわかったので、次はいろいろな機械学習のアルゴリズムを紹介していこう。機械学習は、「どのような考え方で、線を引く（予測や分類を行う）のか」によって、いろいろな手法があるんだけど、その手法のことを「機械学習のアルゴリズム」というんだ。

例えば、回帰と分類では何を予測するのかが違う。回帰は「どんな数値になるのかを予測したいとき」に使う。これに対して、分類は「これは何なのかを予測したいとき」に使う。

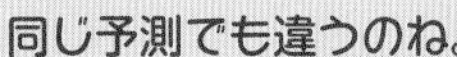

まずは「線形回帰」を見てみようか。

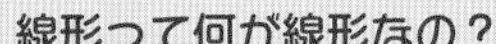

散布図上の点の並びを見て、線が引けるような法則性が見えるとき、「線を引いて予測する」から、線形回帰だ。

じゃあ回帰って、なんですかい？

「そこへ戻っていく」という意味だ。現実世界では誤差やいろいろな要因が影響してデータには多少のずれが出ることがある。でも、誤差がなければ本来この線の形に戻っていくだろう。つまり、「この線の形に回帰するだろう」という意味だ。

回帰って、理想の法則ってことなのね。

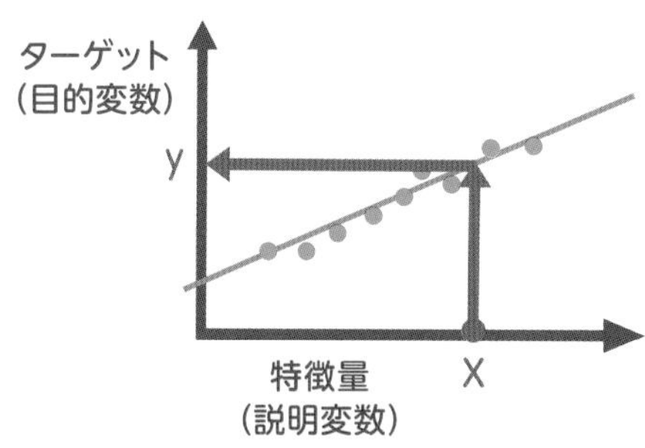

どんなアルゴリズム？

線形回帰は、予測したい状況（説明変数X）を数値で入力すると、予測結果（目的変数y）を数値で出力するアルゴリズムです。「予測したい状況（説明変数X）」と「予測される結果（目的変数y）」に強い相関関係がある場合に使える方法です。

例えば、「気温が高いほどアイスクリームはたくさん売れる」という強い相関関係があるとき、「気温」から「アイスクリームの売れ行き」を予測できます。部屋が広いほど家賃が高くなるという強い相関関係があるとき、「部屋の広さ」から「家賃」を予測できます。

相関関係が強いデータを散布図で表すと、点の並びから線が引けるように見えます。多少のばらつきはありますが、「ばらつきがあるのは、現実世界には誤差やいろいろな要因があるためで、本来誤差がなければこの線になっていくだろう」という線が考えられます。これを、直線でつないだものを線形回帰（linear regression）といい、直線でない線でつないだものは非線形回帰（non-linear regression）といいます。

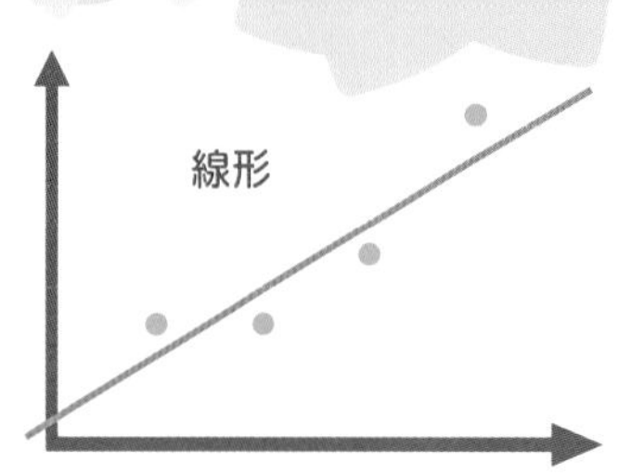

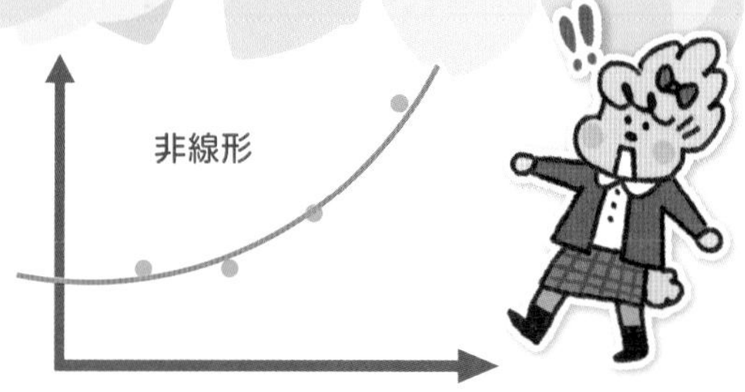

線形回帰では、「直線をどの角度でどの位置に引くのか」をアルゴリズムで求めるのですが、主に最小二乗法という方法が使われます。引いた線と実データとの誤差が一番小さくなるような線を求める方法です。ただし、引いた線と実データの誤差をそのまま合計してしまうと、実データは引いた線のプラス方向にも、マイナス方向にもありますから、プラスとマイナスで相殺されて正しく求めることができません。そこで差を二乗してその合計を求めます。この値が最小になるようにすることで、誤差の少ない線を求めることができるのです。だから「最小二乗法」というのです。

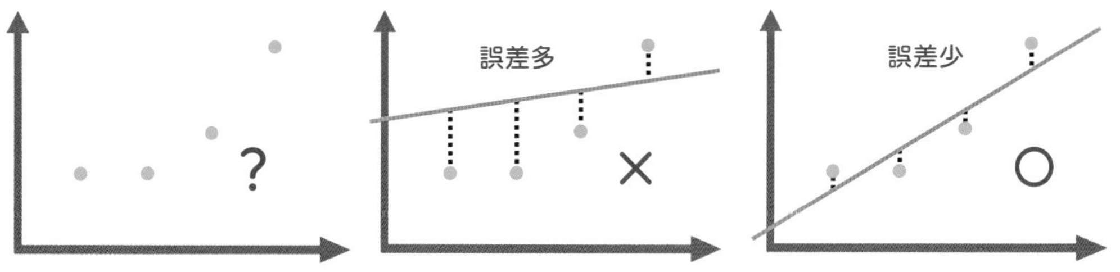

線形回帰は、グラフにすると法則性が見てすぐにわかるので説明しやすく、パラメータの調整もほとんど必要ないので、使いやすいアルゴリズムです。

モデルの使い方

線形回帰のモデルは、LinearRegressionで作ります。モデルのfit命令に「説明変数X」と「目的変数y」を渡して、学習させます。

```
モデル = LinearRegression()
モデル.fit(説明変数X, 目的変数y)
```

学習させたモデルに、predict命令で「説明変数X」を渡すと、予測結果が返ってきます。

書式

```
予測結果 = モデル.predict(説明変数X)
```

① 新規ノートブックを作る

最初に、この章のプログラムを書き込んでいくノートブックを用意しましょう。

【Colab Notebookの場合】ダイアログで「ノートブックを新規作成」をクリックします（【Jupyter Notebookの場合】右上の［New▼］メニューから［Python 3］を選択します）。❶左上のファイル名を「MLtest4.ipynb」などに変更しましょう。

試してみよう

サンプルデータを作って、線形回帰を試してみましょう。

② まず、データを用意します。

線形回帰で使いやすいデータセットを自動生成しましょう（リスト4.1）。ランダムの種が「3」、特徴量は1つ、ノイズ20、30個の点にします。どのような配置のデータなのか、散布図で確認しておきましょう。

【入力プログラム】リスト 4.1

```
from sklearn.datasets import make_regression
from sklearn.metrics import accuracy_score
import pandas as pd
import matplotlib.pyplot as plt
%matplotlib inline

# ランダム番号3、特徴量は1つ、ノイズ量20、30個のデータセットを作る
X, y = make_regression(
```

```
    random_state=3,
    n_features=1,
    noise=20, ·························ノイズ20
    n_samples=30)

# 各列データ（X)で、データフレームを作り
df = pd.DataFrame(X)
# X軸に「特徴量0」、Y軸に「y」で散布図を描画
plt.figure(figsize=(5, 5))
plt.scatter(df[0], y, color="b", alpha=0.5)
plt.grid()
plt.show()
```

出力結果

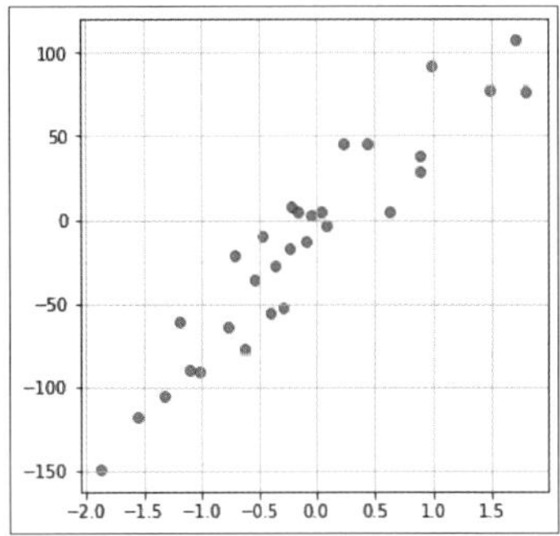

斜めに線を引けそうなデータですね。これを使って学習させましょう（リスト4.2)。以下の手順で行います。

3 データを、訓練データとテストデータに分けます。

4 線形回帰のモデルに、訓練データを使って学習させます。

5 テストデータを使って予測を行い、正解率をテストします。

6 散布図上に予測の線を引いて確認してみましょう。

【入力プログラム】リスト 4.2

```
from sklearn.linear_model import LinearRegression
from sklearn.metrics import r2_score
from sklearn.model_selection import train_test_split

# 訓練データ、テストデータに分ける
X_train, X_test, y_train, y_test = train_test_split(X, y, ↵
random_state=0)

# 線形回帰の学習モデルを作る（訓練データで）
model = LinearRegression()
model.fit(X_train, y_train)

# 正解率を調べる（テストデータで）
pred = model.predict(X_test)
score = r2_score(y_test, pred)
print("正解率:", score*100, "%")

# 散布図上に予測の点をたくさん描いて線にする
plt.figure(figsize=(5, 5))
plt.scatter(X, y, color="b", alpha=0.5) ····················散布図を作成
plt.plot(X, model.predict(X), color = 'red') ············予測の線を引く
plt.grid()
plt.show()
```


出力結果

```
正解率: 84.98344774428922 %
```

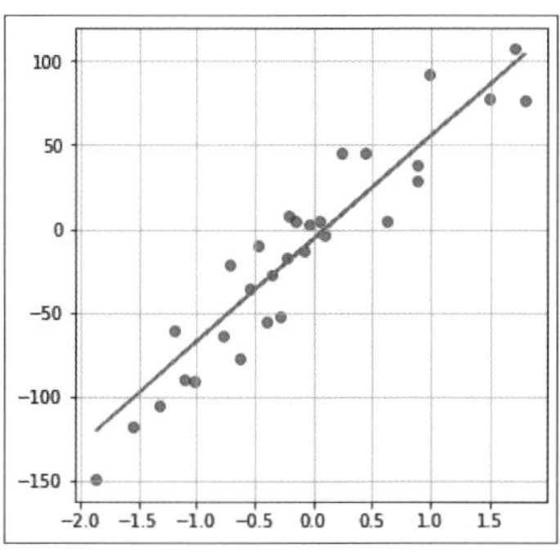

良さそうな線が引けましたね。ばらつきが少ないデータを自動生成したので正解率が84.9%でしたが、もっとばらつきが多い場合はどうなるでしょうか。ランダムの幅を増やして試してみましょう（リスト4.3）。

①まず、データを準備します。ノイズを80に増やした回帰用のデータセットを自動生成で作ります。その後の、②データを分ける、③モデルに学習させる、④テストデータでテストする、⑤散布図上に予測の線を引く、の処理は同じです。

【入力プログラム】リスト4.3

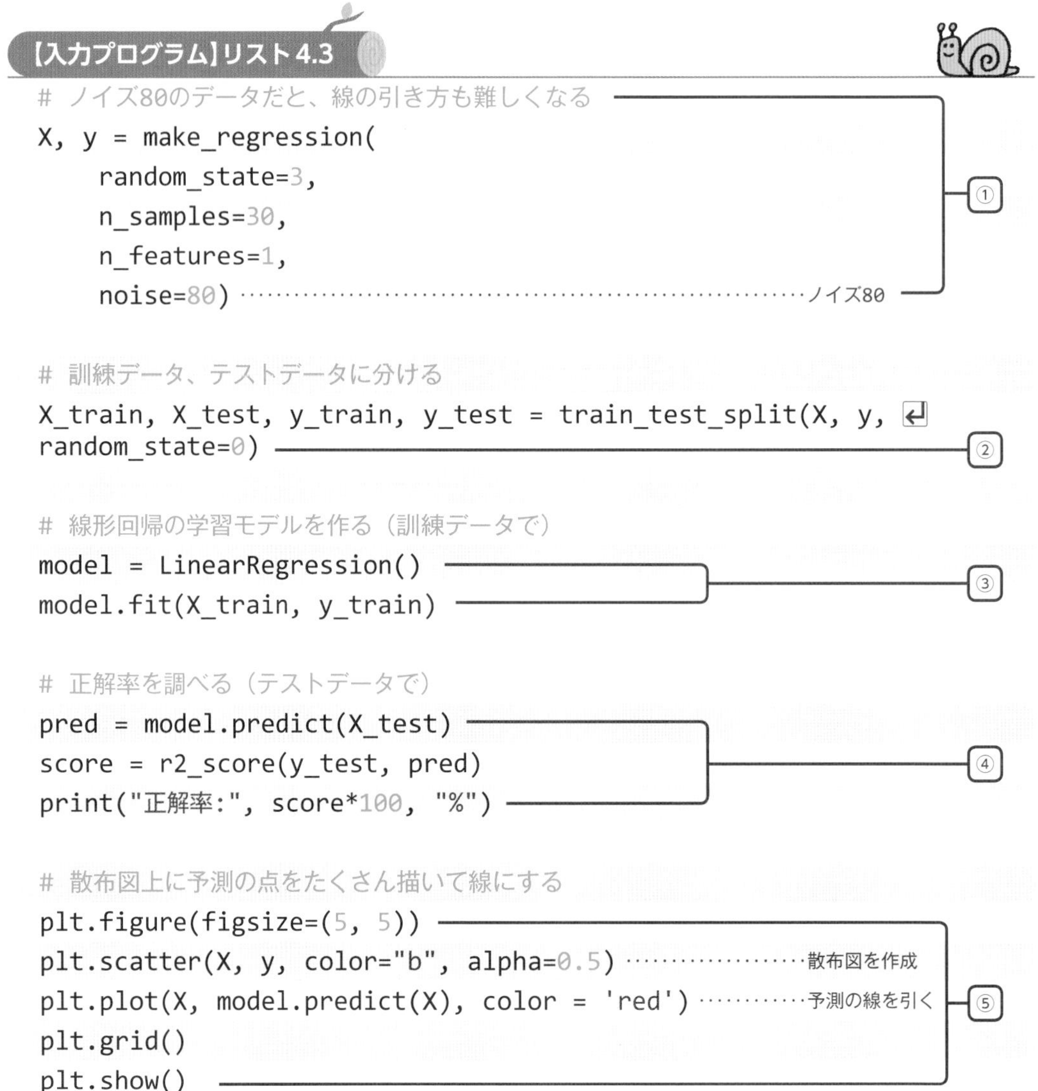

```
# ノイズ80のデータだと、線の引き方も難しくなる
X, y = make_regression(
    random_state=3,
    n_samples=30,
    n_features=1,
    noise=80)  ……ノイズ80                                    ①

# 訓練データ、テストデータに分ける
X_train, X_test, y_train, y_test = train_test_split(X, y, ↵
random_state=0)                                           ②

# 線形回帰の学習モデルを作る（訓練データで）
model = LinearRegression()
model.fit(X_train, y_train)                               ③

# 正解率を調べる（テストデータで）
pred = model.predict(X_test)
score = r2_score(y_test, pred)
print("正解率:", score*100, "%")                          ④

# 散布図上に予測の点をたくさん描いて線にする
plt.figure(figsize=(5, 5))
plt.scatter(X, y, color="b", alpha=0.5)  ……散布図を作成
plt.plot(X, model.predict(X), color = 'red')  ……予測の線を引く
plt.grid()
plt.show()                                                ⑤
```

出力結果

正解率： 33.025689869605145 %

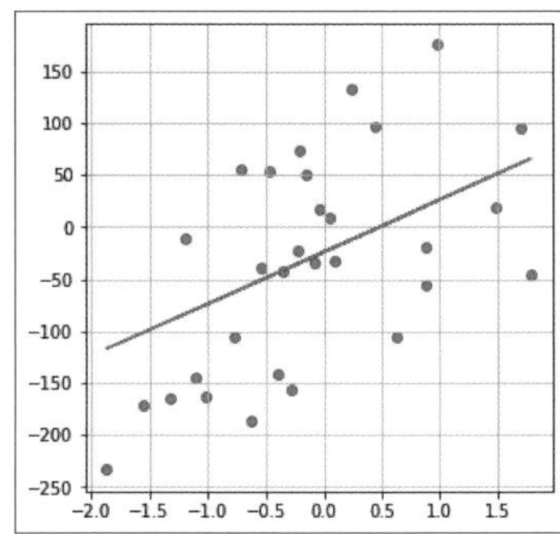

線は引けましたが、少し無理のある線ですね。正解率も約33.0%と低いようです。データの相関関係がもともと弱ければ、予測は難しいですね。

もともと関係性が弱いと
予測がむずかしいのね。

分類：ロジスティック回帰

【ロジスティック回帰】YES か NO かなどの分類を、回帰を使って予測するアルゴリズム

次は「ロジスティック回帰」だ。名前に回帰と付いてるけれど、分類のアルゴリズムだよ。

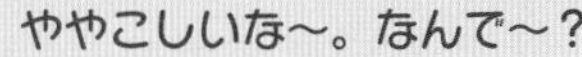

ややこしいな〜。なんで〜？

線形回帰は、散布図上のいろいろな値の点にうまく線を引いて、「説明変数Xがある値のときの、結果となる目的変数yを予測するアルゴリズム」だよね。

「この値のとき、どんな数値になるんだろう」って使うんだよね。

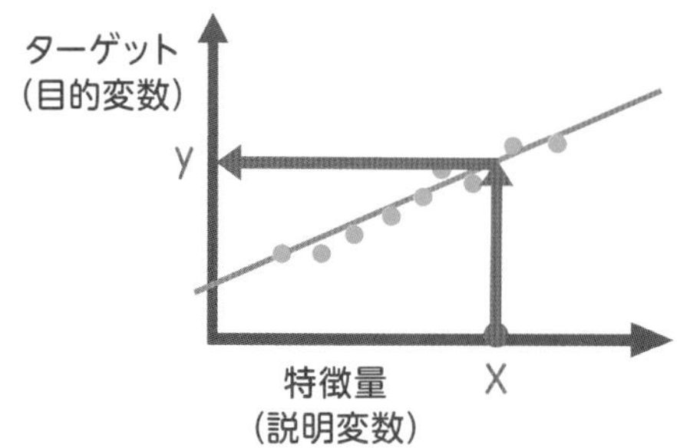

でも、結果が「AかBか」とか、「YESかNOか」のような2種類の結果になるデータに対して行うと、うまく予測することができないんだ。線を引くとこんな感じになる。

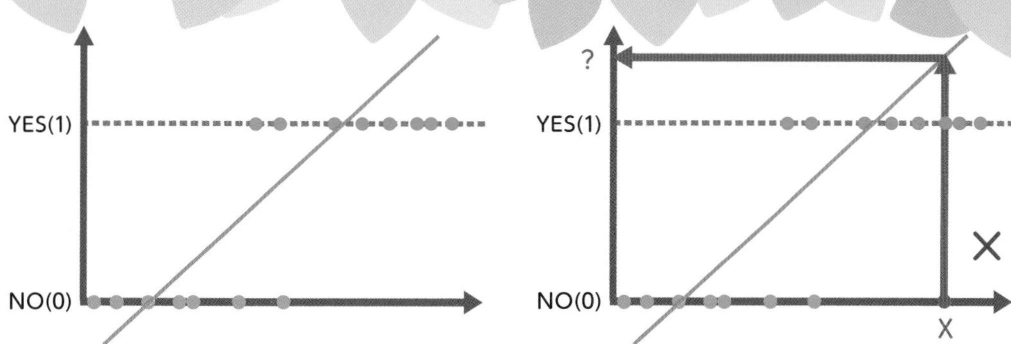

そりゃそうでしょう。答えが2つなのに、こんなまっすぐな線を引いたらおかしいよ。

だよね。だからこの線に「すべての値を0〜1の間に変換する」という「ロジスティックシグモイド関数」を使ってみる。すると、結果が0〜1という2つの値に収まって、2つの答えにうまく合うような線になるんだ。

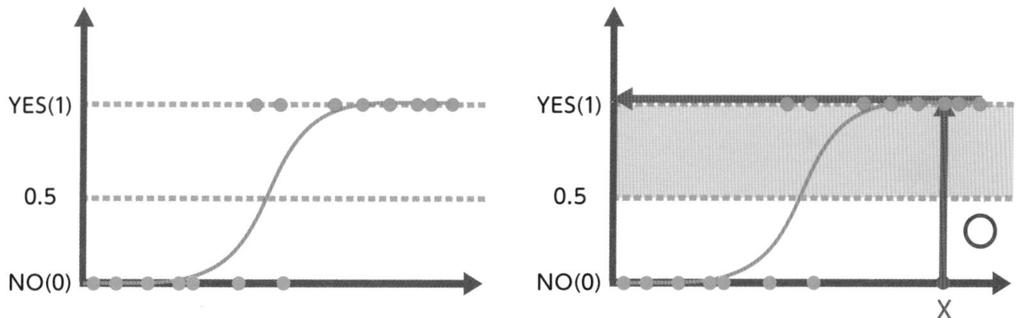

あ！　これなら、データにあってる感じがするよ。

これが、ロジスティック回帰なんだ。「このデータの法則は、本来その線の形に戻っていくだろう」という意味では回帰なんだけど、これによって得られる予測は、「YES(1)かNO(0)の、どちらになるか」という分類だ。だから、ロジスティック回帰は分類に使われるんだ。

どんなアルゴリズム？

ロジスティック回帰は、「YESかNOか、といった2種類（場合によっては3種類以上）の分類を回帰で予測する」アルゴリズムです。名前に「回帰」と付いていますが「分類」を行うアルゴリズムです。

結果が2種類になるようなデータに対して線形回帰を行うと、データは線の上に乗らず、うまく予測することができません。そこで、その線に「入力したすべての値を0〜1の間に変換する」というロジスティックシグモイド関数を使うことで、結果が0〜1の間に収まって、2種類の結果を予測するのにうまく合うような線になります。この線の0.5以上ならYES、そうでなければNOと判断することで、YESかNOかを分類できるというわけです。

2つに分類するものを二項ロジスティック回帰分析ともいいますが、3つ以上に分類できるようにしたものを多項ロジスティック回帰分析などともいいます。

モデルの使い方

ロジスティック回帰のモデルは、LogisticRegressionで作ります。モデルのfit命令に「説明変数X」と「目的変数y」を渡して、学習させます。

書式

```
モデル = LogisticRegression()
モデル.fit(説明変数X, 目的変数y)
```

学習させたモデルに、predict命令で「説明変数X」を渡すと、予測結果が返ってきます。

書式

```
予測結果 = モデル.predict(説明変数X)
```

試してみよう

ここでお知らせがあります。この章でこれからあとは、ほとんど分類のアルゴリズムを試していきます。分類の様子を目で見て理解しやすいように、3章で作った分類の状態を描く関数を使いたいと思います。ですのでこのノートブックにも、リスト4.4のplot_boundary関数を入力してください。

※以下のプログラムを手で入力してもいいですし、大変だという人は、10ページのURLからサンプルデータをダウンロードして、plot_boundary.txtのプログラムを利用してください。

【入力プログラム】リスト 4.4

```
import numpy as np
import matplotlib.pyplot as plt
from matplotlib.colors import ListedColormap

# 散布図に分類の様子を描画する
def plot_boundary(model, X, Y, target, xlabel, ylabel):
    cmap_dots = ListedColormap([ "#1f77b4", "#ff7f0e", ↵
"#2ca02c"])
    cmap_fills = ListedColormap([ "#c6dcec", "#ffdec2", ↵
"#cae7ca"])
    plt.figure(figsize=(5, 5))
    if model:
        XX, YY = np.meshgrid(
            np.linspace(X.min()-1, X.max()+1, 200),
            np.linspace(Y.min()-1, Y.max()+1, 200))
        pred = model.predict(np.c_[XX.ravel(), YY.ravel()]).↵
reshape(XX.shape)
        plt.pcolormesh(XX, YY, pred, cmap=cmap_fills, ↵
shading="auto")
        plt.contour(XX, YY, pred, colors="gray")
    plt.scatter(X, Y, c=target, cmap=cmap_dots)
    plt.xlabel(xlabel)
    plt.ylabel(ylabel)
    plt.show()
```

それではサンプルデータを作って、ロジスティック回帰を試してみましょう。

LESSON 13

① まず、データを用意します。

2つに分類しやすいデータセットを自動生成しましょう。ランダムの種が「0」、特徴量は2つ、塊数は2つ、ばらつき1、300個の点にします。どのようなデータなのか、「特徴量Xの先頭の5つ」と「ターゲット変数y」の値を確認しておきましょう（リスト4.5）。

【入力プログラム】リスト4.5

```
from sklearn.datasets import make_blobs

# ランダム番号0、特徴量は2つ、塊数は2、ばらつき1、300個のデータセットを作る
X, y = make_blobs(
    random_state=0,
    n_features=2,
    centers=2,
    cluster_std=1,
    n_samples=300)

df = pd.DataFrame(X)
print(df.head())
print(y)
```

出力結果

```
          0         1
0  3.359415  5.248267
1  2.931100  0.782556
2  1.120314  5.758061
3  2.876853  0.902956
4  1.666088  5.605634
[0 1 0 1 0 0 1 0 1 1 1 0 1 0 0 1 0 0 1 0 1 0 0 0 1 1 0 1 1 0 ↵
1 0 0 0 1 1 1
 1 0 0 1 0 0 1 0 0 1 1 1 1 1 1 1 1 1 0 0 1 1 0 1 1 0 1 1 0 0 ↵
1 0 0 1 1 1 0
 1 0 0 1 0 0 1 0 1 0 0 0 1 1 0 0 1 1 1 0 1 0 1 1 0 1 1 0 0 0 ↵
0 1 0 1 0 0 1
 0 0 1 0 0 0 1 0 1 1 1 0 0 1 0 1 1 1 1 1 0 1 1 1 1 0 1 1 1 0 ↵
1 0 1 1 0 1 1
 1 0 1 0 0 1 1 1 0 0 1 0 0 0 0 1 0 0 0 0 1 0 0 1 1 0 0 0 0 0 ↵
1 1 0 0 0 0 1
```

```
 1 0 1 0 0 1 1 1 0 1 1 0 1 0 1 0 1 1 1 0 1 0 1 0 0 1 1 1 0 0
0 1 0 0 1 0 1
 0 1 0 0 1 0 0 1 0 0 1 1 1 0 0 0 1 1 1 1 1 1 0 1 0 0 1 1 1 0
0 1 0 0 1 0 1
 1 0 1 0 0 0 1 1 0 0 0 0 0 1 1 0 0 0 0 0 0 1 1 1 0 0 1 1 1 0
0 0 1 1 0 1 1
 0 1 1 0]
```

数値だとイメージしにくいので、これを散布図で描画しましょう。plot_boundary関数の1番目の引数を「None（なし）」にすれば、散布図にできます（リスト4.6）。

【入力プログラム】リスト 4.6

```
plot_boundary(None, df[0], df[1], y, "df [0]", "df [1]")
```

出力結果

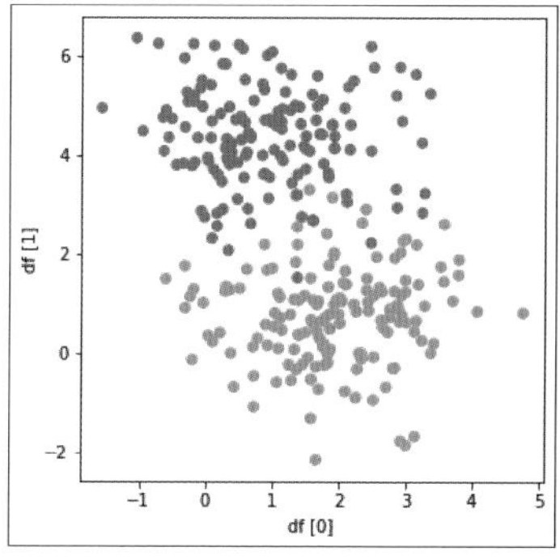

2つに分類できそうなデータですね。これで学習を行い、その分類の様子を表示させてみましょう（リスト4.7）。以下の手順で行います。

② データを、訓練データとテストデータに分けます。

③ ロジスティック回帰のモデルに、訓練データを使って学習させます。

④ テストデータを使って予測を行い、正解率をテストします。

⑤ 学習モデルの分類の状態を描画して確認してみましょう。

LESSON 13

【入力プログラム】リスト4.7

```
from sklearn.model_selection import train_test_split
from sklearn.linear_model import LogisticRegression
from sklearn.metrics import accuracy_score

# 訓練データ、テストデータに分ける
X_train, X_test, y_train, y_test = train_test_split(X, y, ↵
random_state=0)

# ロジスティック回帰の学習モデルを作る（訓練データで）
model = LogisticRegression()
model.fit(X_train, y_train)

# 正解率を調べる（テストデータで）
pred = model.predict(X_test)
score = accuracy_score(y_test, pred)
print("正解率:", score*100, "%")

# この学習モデルの分類の様子を描画する（テストデータで）
df = pd.DataFrame(X_test)
plot_boundary(model, df[0], df[1], y_test, "df [0]", "df [1]")
```

出力結果

```
正解率: 96.0 %
```

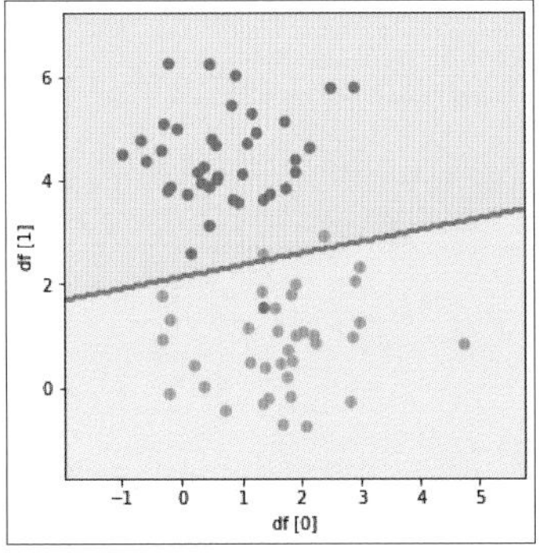

次は、3つに分類する場合を試してみましょう（リスト4.8）。

①まず、データを準備します。塊数を3に増やした分類用のデータセットを自動生成で作ります。その後の、②データを分ける、③モデルに学習させる、④テストデータでテストする、⑤分類の状態を描画する、の処理は同じです。

【入力プログラム】リスト4.8

```
# ランダム番号0、特徴量は2つ、塊数は3、ばらつき1、300個のデータセットを作る
X, y = make_blobs(
    random_state=5,
    n_features=2,
    centers=3,        ……塊数は3
    cluster_std=1,
    n_samples=300)                                          ①

# 訓練データ、テストデータに分ける
X_train, X_test, y_train, y_test = train_test_split(X, y, ↵
random_state=0)                                             ②

# ロジスティック回帰の学習モデルを作る（訓練データで）
model = LogisticRegression()
model.fit(X_train, y_train)                                 ③

# 正解率を調べる（テストデータで）
pred = model.predict(X_test)
score = accuracy_score(y_test, pred)
print("正解率:", score*100, "%")                             ④

# この学習モデルの分類の様子を描画する（テストデータで）
df = pd.DataFrame(X_test)
plot_boundary(model, df[0], df[1], y_test, "df [0]", "df [1]")  ⑤
```

出力結果

```
正解率: 82.66666666666667 %
```

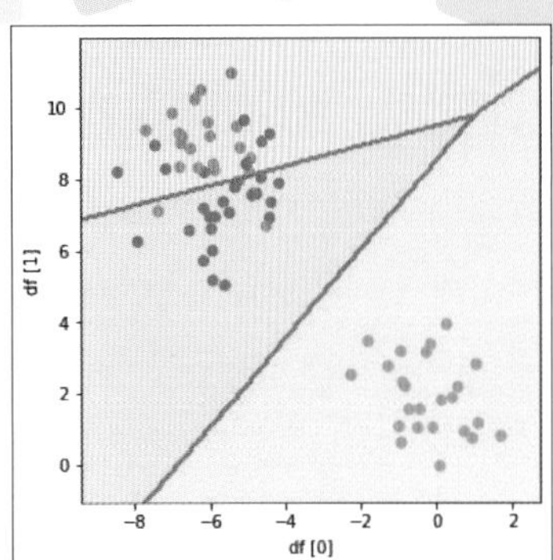

3つに分類することができましたね。ちなみにシグモイド関数は、$\frac{1}{1+e^{-x}}$ という式で表されます。グラフ化すると、リスト4.9のようになります。

【入力プログラム】リスト4.9

```
# xの値（-10～10を200個に分割）
xx = np.linspace(-10, 10, 200)

# シグモイド関数
yy = 1 / (1 + np.exp(-xx))

plt.scatter(xx, yy, color="r")
plt.grid()
plt.show()
```

出力結果

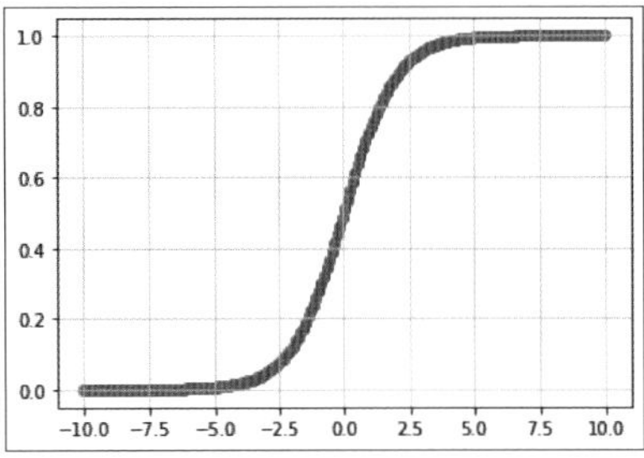

LESSON 14

分類：SVM（サポートベクターマシン）

【SVM（サポートベクターマシン）】なるべく公平な境界線を引いて、分類を予測するアルゴリズム

次は、画像認識や音声認識といったパターン識別でよく使われている人気のアルゴリズム「SVM(サポートベクターマシン)」だよ。

どんなアルゴリズムなの？

少し複雑なので、具体的な例を使って見てみよう。例えば「みかんとグレープフルーツ」があるとする。どうやって分類する？

そんなの簡単。見たらすぐにわかるよ。

私たちならね。でもそのとき、何を見て判断しているのかな？

色……とか、大きさ……とか、形……とかかな。

そうだね。「区別しやすい特徴に注目して判断する」よね。「色」や「大きさ」なら区別がつきそうだね。でも、「形」といっても「上から見た形」だったらどうだろう。

上から見た形はどっちも同じっぽいね。

それ以外の、例えば「種の大きさ」という区別しにくい特徴に注目したとしても、みかんとグレープフルーツの区別はつきにくい。

種だとよくわからないね。そっか。わたしたちは「区別しやすい特徴を見て区別してる」ってことなんだね。

機械学習でも同じだ。まず、「区別しやすい特徴に注目すること」が重要だ。これは、SVMだけでなく、他のアルゴリズムの分類でも重要なことだよ。

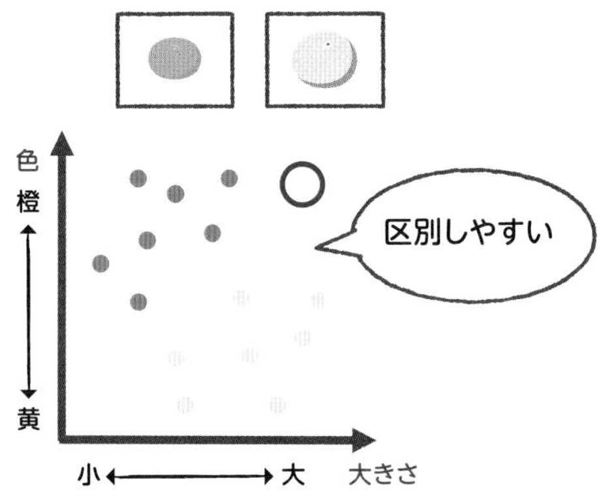

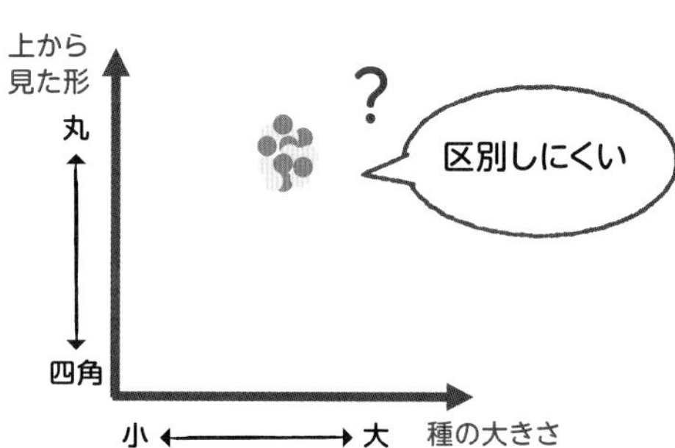

じゃあ、「区別しやすい特徴」を用意すればそれでいいの？

いやいや、アルゴリズムが活躍するのはここからだ。例えば、区別しやすい「色」と「大きさ」に注目したとしよう。散布図で見ると「オレンジ色で小さめ」なのが「みかん」で、「黄色くて大きめ」なのが「グレープフルーツ」だろう、と考えられる。

みかんのグループ、グレープフルーツのグループができてるね。

では、ここに境界線をどう引けばいいと思う？

それはオレンジ色と黄色の間に……斜めに……引くかな。適当にだけど。

コンピュータには、この「適当に」っていうのができないんだ。「どんな傾きで、どの位置に線を引くのか」を決めないといけないんだけど、それを決めるのがアルゴリズムだ。SVMのアルゴリズムでは、「境界線に近い点」に注目して考える。これを「サポートベクトル」と呼んでいて、これを使って線を引くから、「サポートベクターマシン」なんだ。

へー。で、この点をどうやって使うの？

線を引くとき、境界線に近い点までの距離が、なるべく遠くなるように線を引くんだ。

ん？　なんですって。なるべく遠く？

境界線は、陣取りゲームの境界線みたいなものなんだ。自分の陣地の境界線は自分からなるべく遠くへ引いたほうが陣地が広く取れるよね。でも、相手も同じように思っている。

境界線は遠いほうが、自分に有利になるってことね。

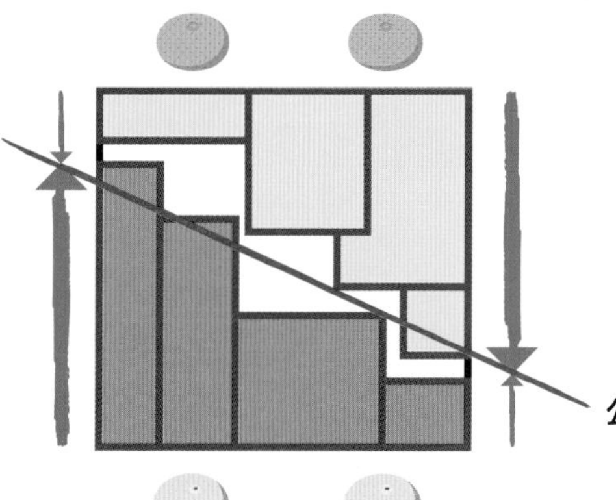

ゲームだったらこれを競って遊べばいいんだけど、正しく判断する人工知能のための境界線を引きたいんだから、偏りのない境界線を引きたい。そこで、自分側からも相手側からもなるべく遠い境界線を引くように考える。そうすると結果的に公平な分類の境界線になるというわけだ。

どっちかに近くなると、えこひいきな境界線になっちゃうわけか。

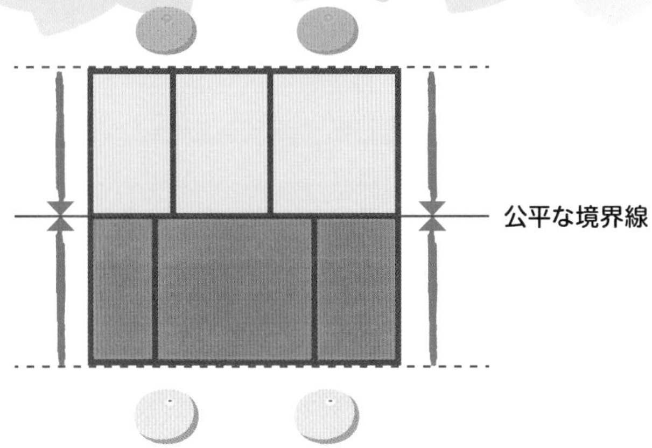

SVMでは、これを「サポートベクトルからのマージン（余白）」を使って考える。それぞれのサポートベクトルから境界線までの距離が一番遠くなるように線を引くことで公平な分類の境界線を求めているのだ。

すごいこと考えるね。

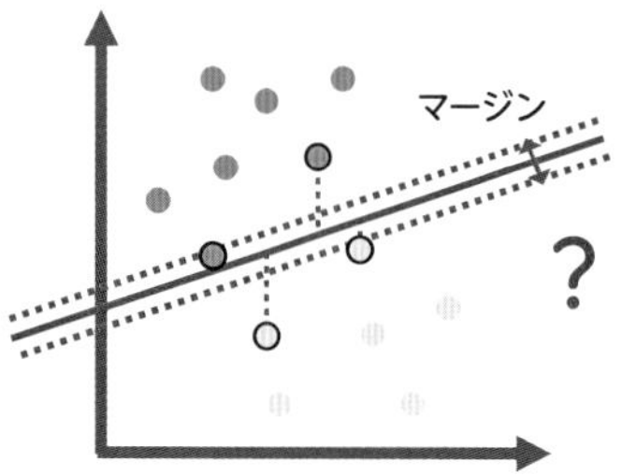

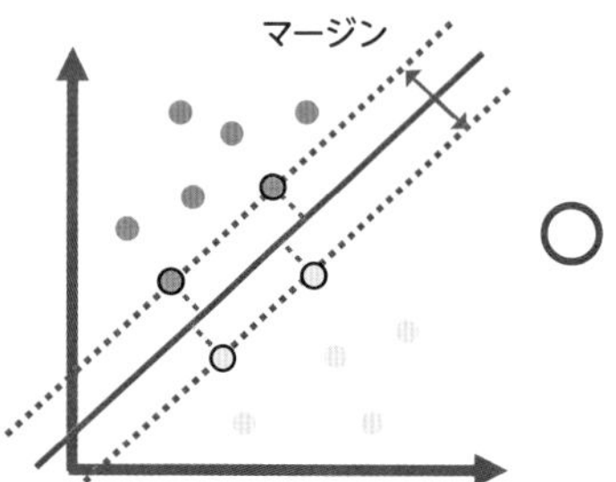

この考え方を使って、学習データに忠実に境界線を引いたものを、ハードマージンといいます。

お堅い余白ね。

しかし、現実世界のデータでは誤差が含まれることが多くある。あまりデータに忠実な境界線を引いてしまうと、誤差の影響を受けて不自然な線になることがある。多少の誤差を許容して、ゆるい線を引くほうが自然な線が引けるんだ。それがソフトマージン。そして、機械学習ではこのソフトマージンが使われているんだよ。

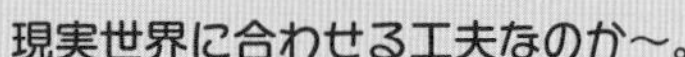

現実世界に合わせる工夫なのか〜。

さらに「カーネルトリック」についても説明しておこう。

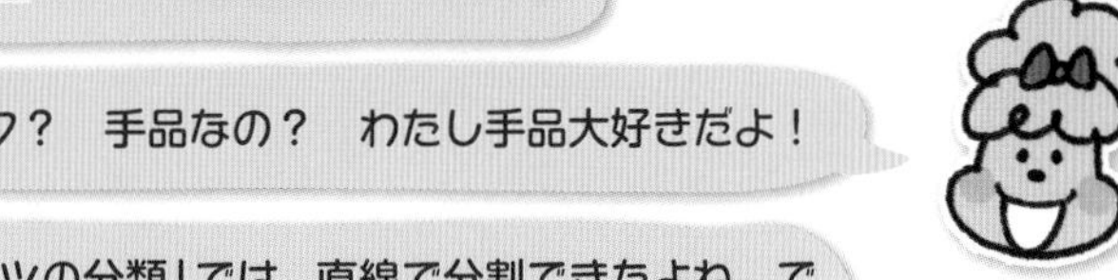

トリック？　手品なの？　わたし手品大好きだよ！

「みかんとグレープフルーツの分類」では、直線で分割できたよね。でも、データによっては直線で分割できないデータもある。その場合、「境界線に近い点からのマージンが最大になるような線を引く」のは難しそうだよね。

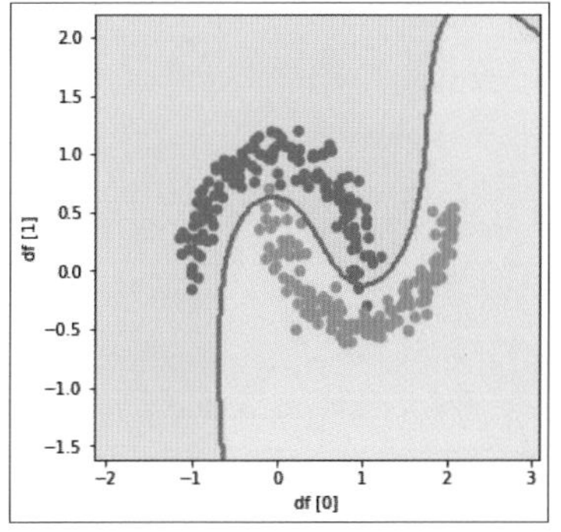

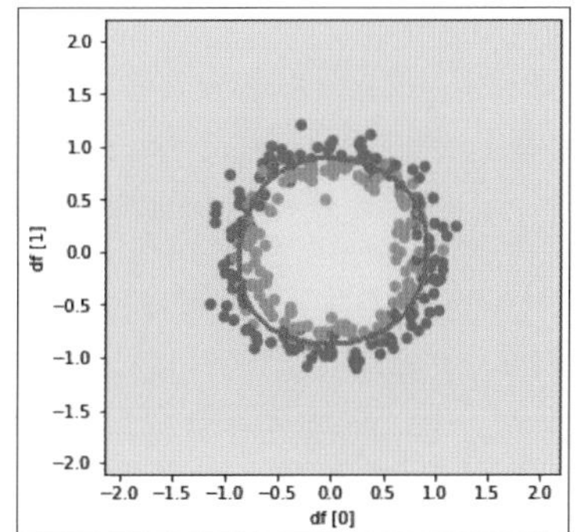

確かに。こんなぐにゃぐにゃデータには使えないね。

そこでカーネルトリックの出番です。「2次元でだめなら、次元を増やして、別の視点で見れば解決できるかも」というアイデアです。

あれ？　なんか、2章でもやったよね。

例えば、2次元で見ると円形のデータは、3次元で見ると山形のデータだったのかもしれない。そうだとすれば、水平にまっすぐ輪切りにすれば分類できるのです。そして、それをまた2次元に戻してやればいいわけだ。

なるほど〜。ほんと手品みたいだ。

このカーネルトリックがあるおかげで、SVMの応用範囲は広がったんだよ。

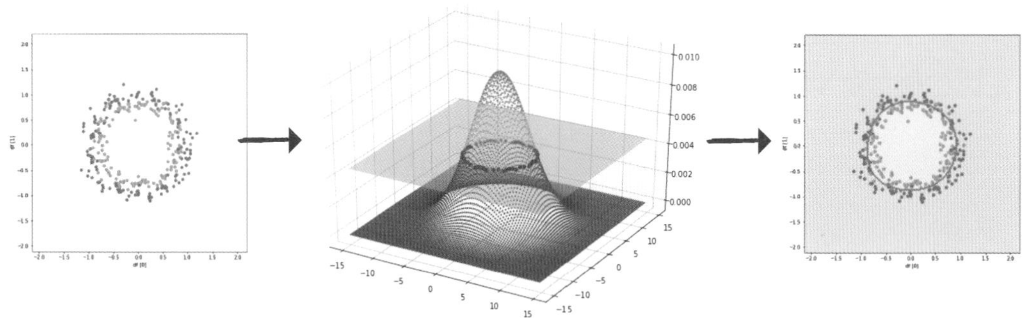

モデルの使い方

SVM（サポートベクターマシン）のモデルは、svm.SVCで作ります。線形分類をするときは、kernel="linear" と指定します。非線形分類をするときは、kernel="rbf" と指定します。また、gammaのパラメータの数値を大きくすると境界線が複雑に、小さくすると単純に調整できます。お任せにする"scale"や"auto"もあります。モデルのfit命令に「説明変数X」と「目的変数y」を渡して、学習させます。

書式

線形分類
```
モデル = svm.SVC(kernel="linear")
モデル.fit(説明変数X, 目的変数y)
```

非線形分類
```
モデル = svm.SVC(kernel="rbf", gamma="scale")
モデル.fit(説明変数X, 目的変数y)
```

学習させたモデルに、predict命令で「説明変数X」を渡すと、予測結果が返ってきます。

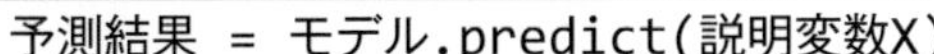

書式

```
予測結果 = モデル.predict(説明変数X)
```

試してみよう

　それではサンプルデータを作って、SVM（サポートベクターマシン）を試してみましょう（リスト4.10）。

　①まず、データを用意します。3つに分類しやすいデータセットを自動生成しましょう。ランダムの種が「4」、特徴量は2つ、塊数は3つ、ばらつき2、500個の点にします。

　その後、②データを分ける、③モデルに学習させる、④テストデータでテストする、⑤分類の状態を描画する、を行います。

【入力プログラム】リスト4.10

```
from sklearn import svm

# ランダム番号4、特徴量は2つ、塊数は3、ばらつき2、500個のデータセットを作る
X, y = make_blobs(                                  ─┐
    random_state=4,                                  │
    n_features=2,                                    ├①
    centers=3,                                       │
    cluster_std=2,                                   │
    n_samples=500)                                  ─┘

# 訓練データ、テストデータに分ける
X_train, X_test, y_train, y_test = train_test_split(X, y, ↵
random_state=0)                                     ─②

# 線形のSVMで学習モデルを作る（訓練データで）
model = svm.SVC(kernel="linear")·········線形      ─┐
model.fit(X_train, y_train)                         ─┘③

# 正解率を調べる（テストデータで）
pred = model.predict(X_test)                        ─┐
score = accuracy_score(y_test, pred)                 ├④
```

```
print("正解率:", score*100, "%")

# この学習モデルの分類の様子を描画する（テストデータで）
df = pd.DataFrame(X_test)
plot_boundary(model, df[0], df[1], y_test, "df [0]", "df [1]")
```
⑤

出力結果

```
正解率: 89.60000000000001 %
```

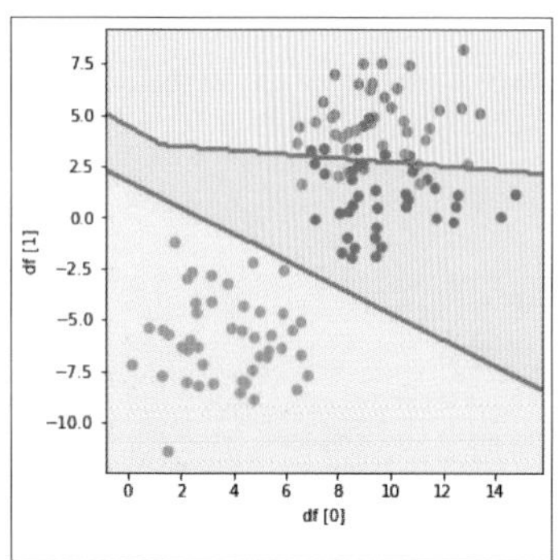

直線で3つに分類できました。次は、非線形分類を使ってみましょう（リスト4.11）。データはそのまま使います。境界線の複雑さはgamma=1にしてみます。③非線形（ガウスカーネル法）のモデルを使って学習させる、④テストデータでテストする、⑤分類の状態を描画する、を行ってみましょう。

【入力プログラム】リスト4.11

```
# ガウスカーネル法のSVMで学習モデルを作る（訓練データで）
model = svm.SVC(kernel="rbf", gamma=1) ··········非線形、ガンマ1
model.fit(X_train, y_train)

# 正解率を調べる（テストデータで）
pred = model.predict(X_test)
score = accuracy_score(y_test, pred)
print("正解率:", score*100, "%")

# この学習モデルの分類の様子を描画する（テストデータで）
```
③ ④

```
df = pd.DataFrame(X_test)
plot_boundary(model, df[0], df[1], y_test, "df [0]", "df [1]")
```
⑤

出力結果

```
正解率: 85.6 %
```

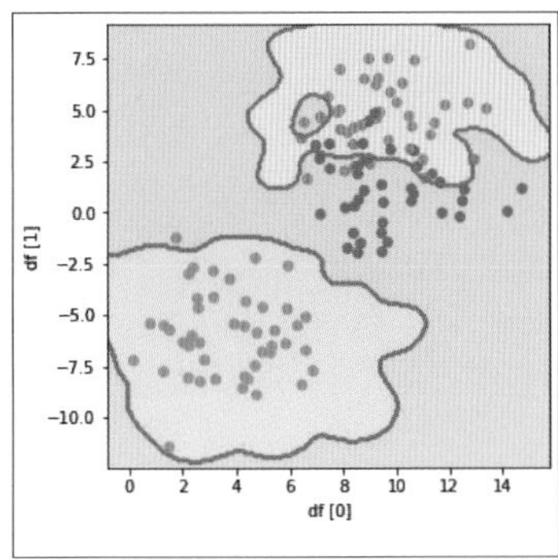

非線形な境界線になりましたね。gammaの値は、大きくすると複雑な境界線に、小さくすると単純な線になります。例えば、gammaの値を少し大きく、gamma=10に変更してみましょう（リスト4.12）。

LESSON 14

【入力プログラム】リスト 4.12

```
# ガウスカーネル法のSVMで学習モデルを作る（訓練データで）
model = svm.SVC(kernel="rbf", gamma=10) ········非線形、ガンマ10
model.fit(X_train, y_train)

# 正解率を調べる（テストデータで）
pred = model.predict(X_test)
score = accuracy_score(y_test, pred)
print("正解率:", score*100, "%")

# この学習モデルの分類の様子を描画する（テストデータで）
df = pd.DataFrame(X_test)
plot_boundary(model, df[0], df[1], y_test, "df [0]", "df [1]")
```

出力結果

```
正解率: 72.8 %
```

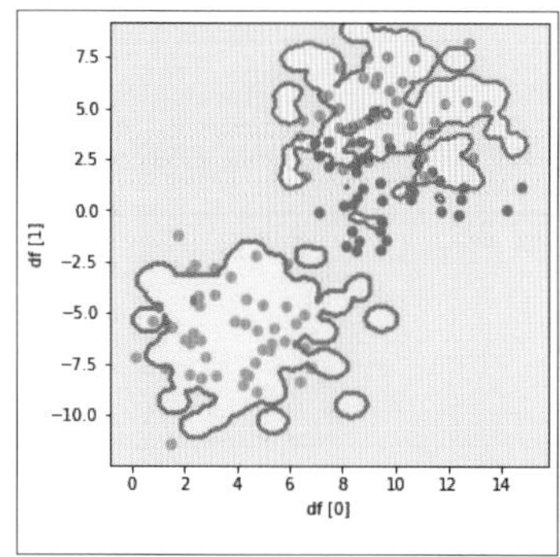

境界線がかなり複雑になりました。境界線が個々のデータの影響を受けすぎています。これだと、学習データに少しでも誤差がある場合、正解率が下がってしまいそうです。次は、逆にgammaの値を少し小さく、gamma=0.1に変更してみましょう（リスト4.13）。

【入力プログラム】リスト4.13

```
# ガウスカーネル法のSVMで学習モデルを作る（訓練データで）
model = svm.SVC(kernel="rbf", gamma=0.1)·······非線形、ガンマ0.1
model.fit(X_train, y_train)

# 正解率を調べる（テストデータで）
pred = model.predict(X_test)
score = accuracy_score(y_test, pred)
print("正解率:", score*100, "%")

# この学習モデルの分類の様子を描画する（テストデータで）
df = pd.DataFrame(X_test)
plot_boundary(model, df[0], df[1], y_test, "df [0]", "df [1]")
```

出力結果

```
正解率: 89.60000000000001 %
```

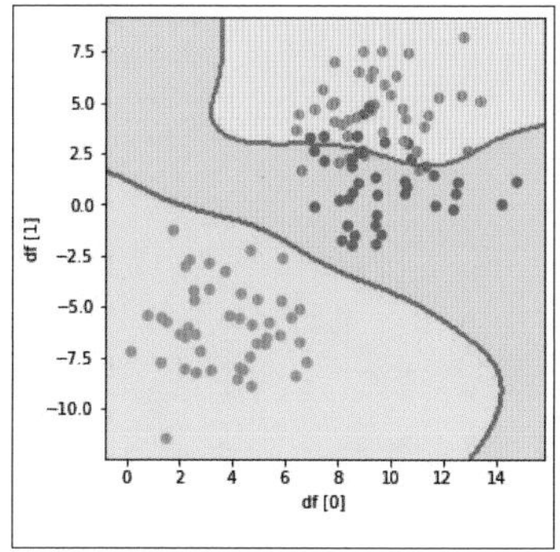

境界線が単純になりました。どのくらいの複雑さにすればいいかは、データの個数やばらつきなどによってちょうどいいところを探す必要があります。scikit-learnでは、データの個数やばらつきから自動的に決めてくれる、"scale"や"auto"というモードがあります。デフォルトは"scale"です（リスト4.14）。gamma="scale"に変更してみましょう。

【入力プログラム】リスト4.14

```
# ガウスカーネル法のSVMで学習モデルを作る（訓練データで）
model = svm.SVC(kernel="rbf", gamma="scale") ············非線形、スケールモード
model.fit(X_train, y_train)

# 正解率を調べる（テストデータで）
pred = model.predict(X_test)
score = accuracy_score(y_test, pred)
print("正解率:", score*100, "%")

# この学習モデルの分類の様子を描画する（テストデータで）
df = pd.DataFrame(X_test)
plot_boundary(model, df[0], df[1], y_test, "df [0]", "df [1]")
```

LESSON 14

出力結果

```
正解率: 90.4 %
```

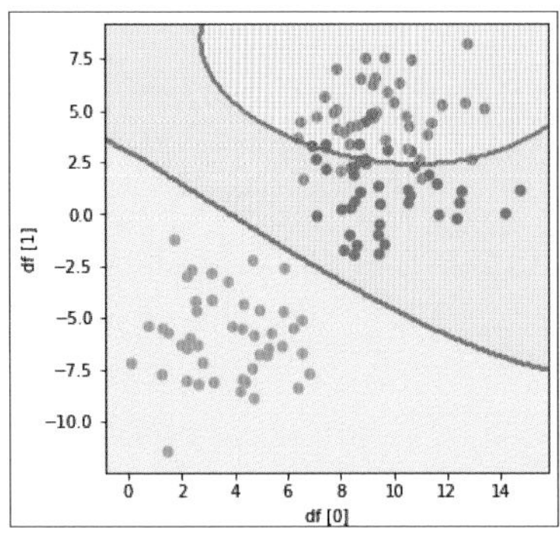

きれいな分類になりましたね。ですが、どんな境界線がいいかを人間が判断して調整するのも重要です。

分類：決定木

【決定木】2択の質問で分岐をくり返して分類する、人間にわかりやすいアルゴリズム

次のアルゴリズムは、「決定木」だ。これは、「どのように分類していくのかが、人間にわかりやすいアルゴリズム」なんだ。

おもしろそー。

2択の質問で分岐を行い、それをくり返して分類していくアルゴリズムだ。図で表現すると、どのように分類されているのかが、わかりやすいのが特徴なんだよ。

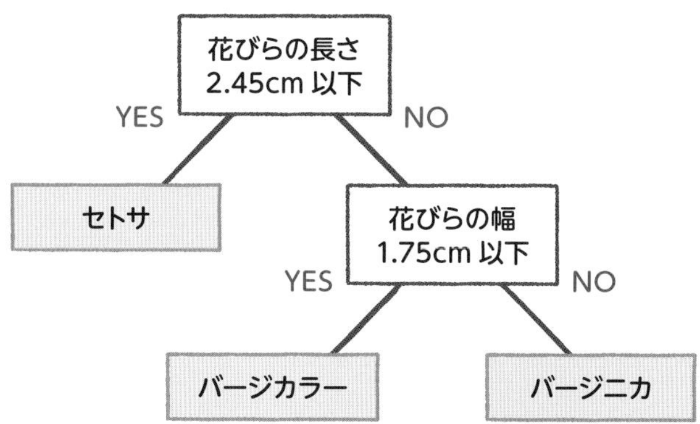

なんだか、心理テストみたいね。「私はよく空想する（YES/NO）」「整理整頓が得意だ（YES/NO）」みたいな質問に答えていくと、性格がわかるテストみたい。

確かに、似たしくみだね。この枝分かれしていく様子が「木」のように見えるからツリー構造といって、それで決定するから「決定木」というんだよ。

これって「木」かなあ？　上下が逆さまの木だね。

どんなアルゴリズム？

決定木は、効果的な条件で分岐をくり返して、分類を予測するアルゴリズムです。

例えば、「ある説明変数が2.45以上かどうか」などの条件で調べ、YESならA、NOでさらに分岐が必要なら「ある説明変数が1.75以下かどうか」などの条件で調べ、YESならB、NOならCといったように分岐をくり返すことで分類していきます。

図にすると、どのように分類されているのかがわかりやすく、分類の状態を視覚化できる命令（plot_tree）もあります。この分岐の構造をツリー構造といい、ツリー構造を使って決定するので、決定木といいます。

モデルの使い方

決定木のモデルは、DecisionTreeClassifierで作ります。モデルのfit命令に「説明変数X」と「目的変数y」を渡して、学習させます。

書式

```
モデル = DecisionTreeClassifier(max_depth=None, random_state=0)
モデル.fit(説明変数X, 目的変数y)
```

学習させたモデルに、predict命令で「説明変数X」を渡すと、予測結果が返ってきます。

書式

```
予測結果 = モデル.predict(説明変数X)
```

試してみよう

サンプルデータを作って、決定木を試してみましょう（リスト4.15）。

①まず、データを用意します。3つに分類しやすいデータセットを自動生成しましょう。ランダムの種が「0」、特徴量は2つ、塊数は3つ、ばらつき0.6、200個の点にします。その後、②データを分ける、③モデルに学習させる、④テストデータでテストする、⑤分類の状態を描画する、を行います。

【入力プログラム】リスト4.15

```
from sklearn.tree import DecisionTreeClassifier

# ランダム番号0、特徴量は2つ、塊数は3、ばらつき0.6、200個のデータセットを作る
X, y = make_blobs(
    random_state=0,
    n_features=2,
    centers=3,
    cluster_std=0.6,
    n_samples=200)

# 訓練データ、テストデータに分ける
X_train, X_test, y_train, y_test = train_test_split(X, y, ↵
random_state=0)

# 決定木の学習モデルを作る（訓練データで）
model = DecisionTreeClassifier(max_depth=None, random_state=0)
model.fit(X_train, y_train)

# 正解率を調べる（テストデータで）
pred = model.predict(X_test)
score = accuracy_score(y_test, pred)
print("正解率:", score*100, "%")

# この学習モデルの分類の状態を描画する（テストデータで）
df = pd.DataFrame(X_test)
plot_boundary(model, df[0], df[1], y_test, "df [0]", "df [1]")
```

①（make_blobs ～ n_samples=200)）
②（train_test_split）
③（DecisionTreeClassifier ～ model.fit）
④（pred ～ print）
⑤（df ～ plot_boundary）

LESSON 15

出力結果

```
正解率: 96.0 %
```

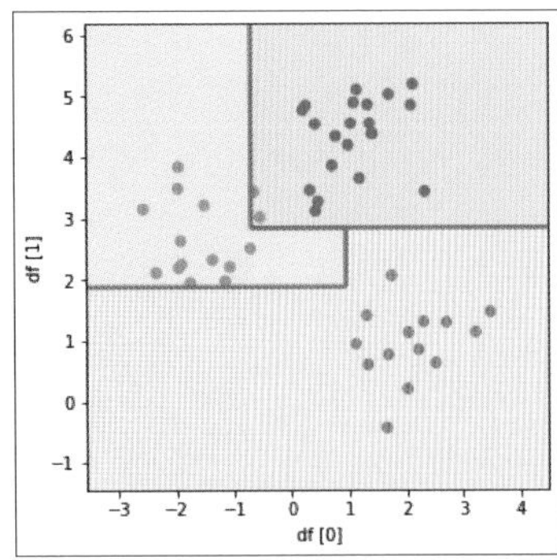

パズルのような分類ができましたが、これはどういうことでしょうか？

それを確かめるために、plot_tree命令を使って、ツリー構造を描画してみましょう（リスト4.16）。わかりやすくするために、学習モデルと、特徴量の名前（feature_names）と、分類結果の名前（class_names）を渡して実行します。

【入力プログラム】リスト4.16

```
from sklearn.tree import plot_tree

plt.figure(figsize=(15, 12))
plot_tree(model, fontsize=20, filled=True,
          feature_names=["df [0]", "df [1]"],
          class_names=["0","1","2"])
plt.show()
```

出力結果

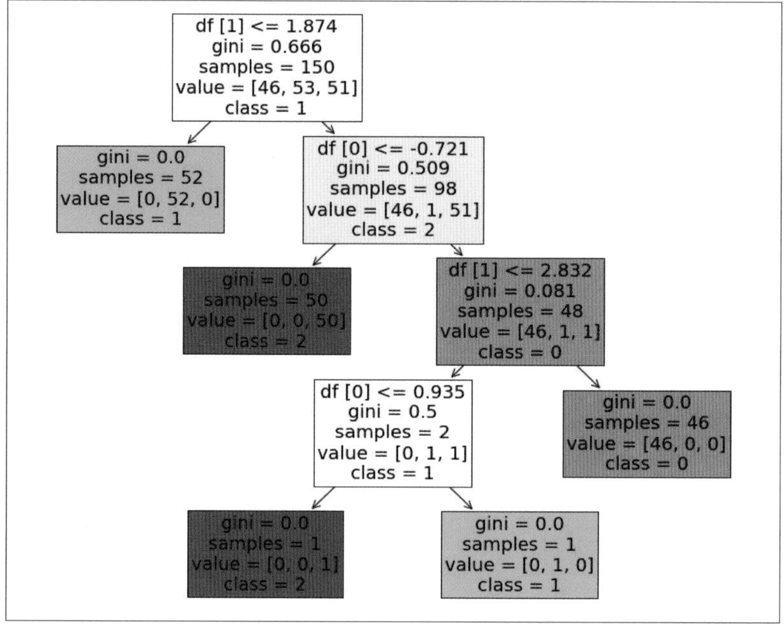

このような分岐で分類しているのですね。

さらにこれを、詳しく見ていきましょう。この学習済みモデルでは、❶❷❸❹の4つの分岐で分類を行っています。

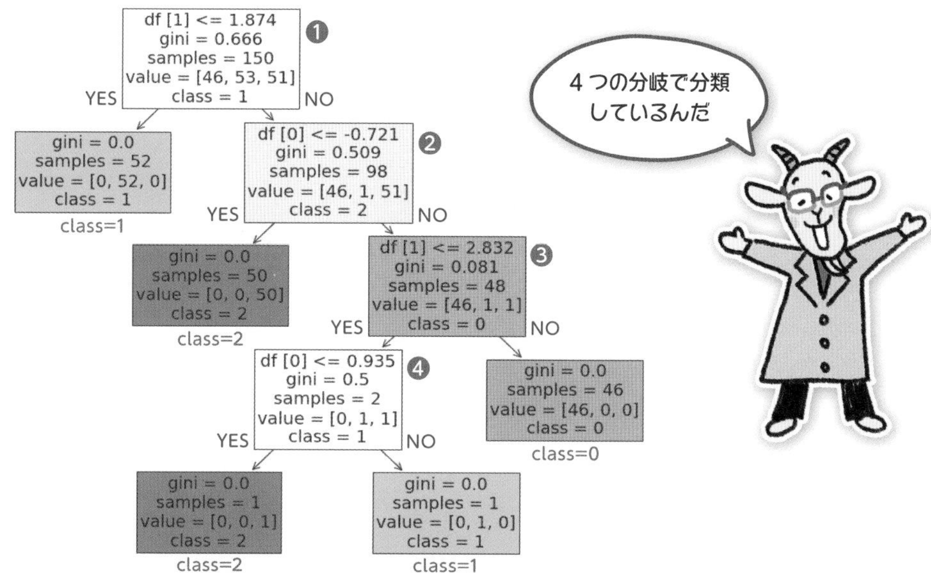

これが、グラフの上ではどのようになっているか見てみましょう。まず❶では、「df［1］が1.874以下かどうか」で分割して、YESならclass=1と分類しています。散布図で見ると、❶の線の下がclass=1です。

さらに❷では、「df［0］が -0.721以下かどうか」で分割して、YESならclass=2と分類しています。散布図で残った部分の❷の線の左がclass=2です。

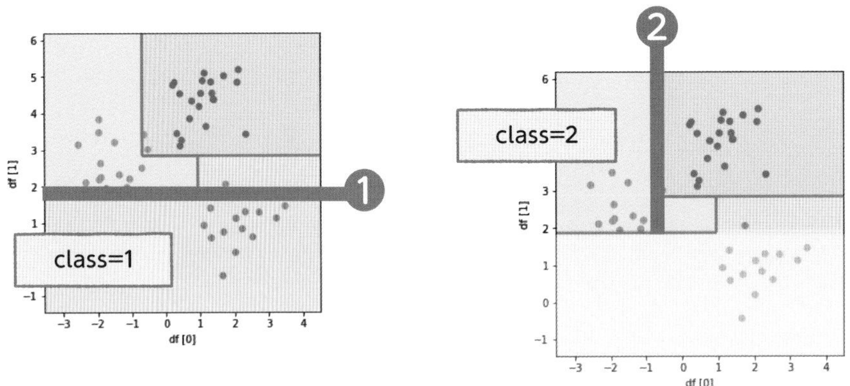

同じように続けて❸では、「df［1］が 2.832以下かどうか」で分割して、NOならclass=0と分類しています。散布図で残った部分の❸の線の上がclass=0です。さらに❹では、「df［0］が 0.935以下かどうか」で分割して、YESならclass=2、NOならclass=1と分類しています。散布図で残った部分の❹の線の左がclass=2で、右がclass=1です。

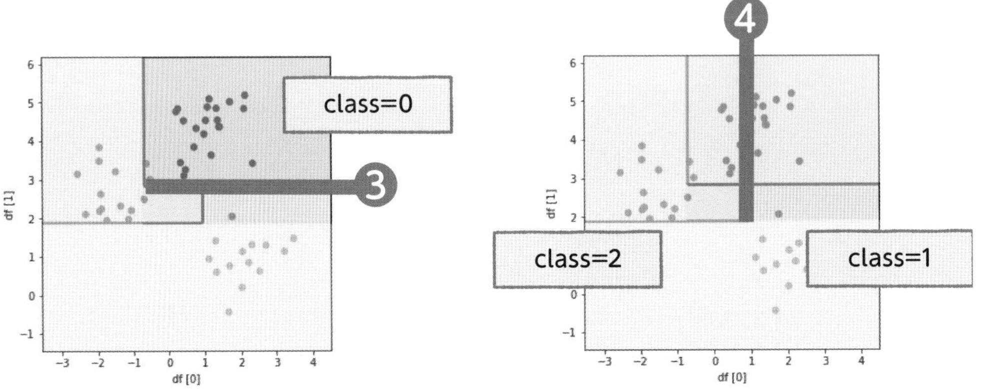

このように分割をいくつもくり返しているので、パズルのような形で分類されていたのです。今回は4つの分岐でしたが、「どこまで深く分岐をくり返すか」は指定することができます。分岐回数が少ないと精度が下がりますが、あまり深く分岐しすぎても誤差に適応しすぎて精度が下がることがありますので、バランスが重要です。

試しに、データはそのままにして、分岐の深度を最大2にしてみましょう（リスト4.17）。

③分岐の深度を最大2にしたモデルを使って学習させる、④テストデータでテストする、⑤分類の状態を描画する、を行ってみます。

【入力プログラム】リスト4.17

```
from sklearn.tree import DecisionTreeClassifier

# 決定木の学習モデルを作る（訓練データで）
# 分岐の深度を最大2にすると、精度が少し下がるのがわかる
model = DecisionTreeClassifier(max_depth=2, random_state=0) ····深度2
model.fit(X_train, y_train) ――③

# 正解率を調べる（テストデータで）
pred = model.predict(X_test)
score = accuracy_score(y_test, pred) ――④
print("正解率:", score*100, "%")

# この学習モデルの分類の状態を描画する（テストデータで）
df = pd.DataFrame(X_test)
plot_boundary(model, df[0], df[1], y_test, "df [0]", "df [1]") ――⑤
```

LESSON 15

出力結果

```
正解率: 92.0 %
```

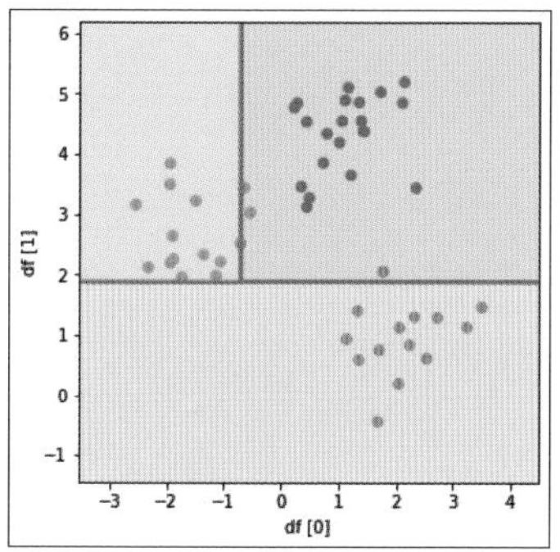

シンプルな分類になりましたね。若干正解率も下がっているようです。plot_tree命令を使って、ツリー構造を見てみましょう（リスト4.18）。

【入力プログラム】リスト4.18

```
from sklearn.tree import plot_tree

plt.figure(figsize=(15, 10))
plot_tree(model, fontsize=20, filled=True,
          feature_names=["df [0]", "df [1]"],
          class_names=["0","1","2"])
plt.show()
```

出力結果

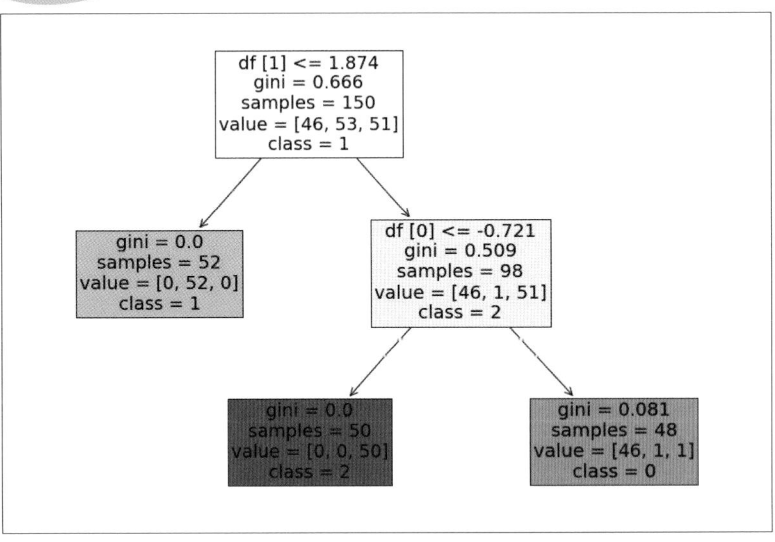

分岐が2つに減りました。これも、詳しく見てみましょう。
この学習済みモデルでは、❶❷の2つの分岐で分類を行っています。

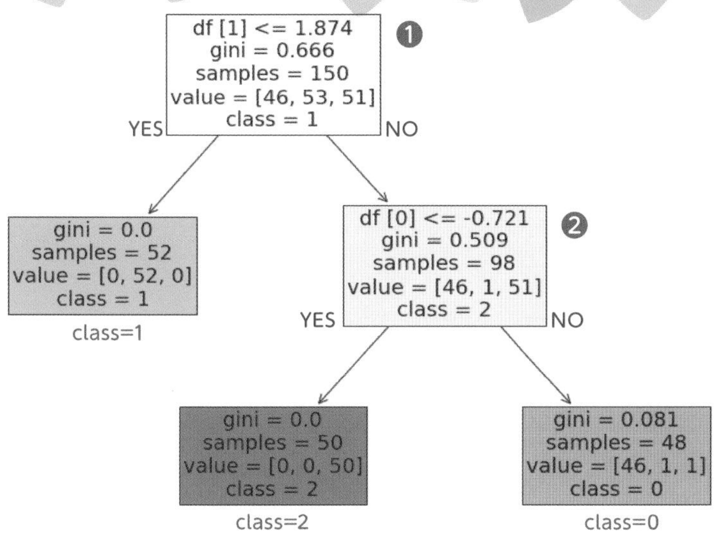

まず❶では、「df［1］が1.874以下かどうか」で分割して、YESならclass=1と分類しています。散布図で見ると、❶の線の下がclass=1です。さらに❷では、「df［0］が -0.721以下かどうか」で分割して、YESならclass=2、NOならclass=0と分類しています。散布図で残った部分の❷の線の左がclass=2、右がclass=0です。先ほどより、分類がシンプルになったことがわかりますね。

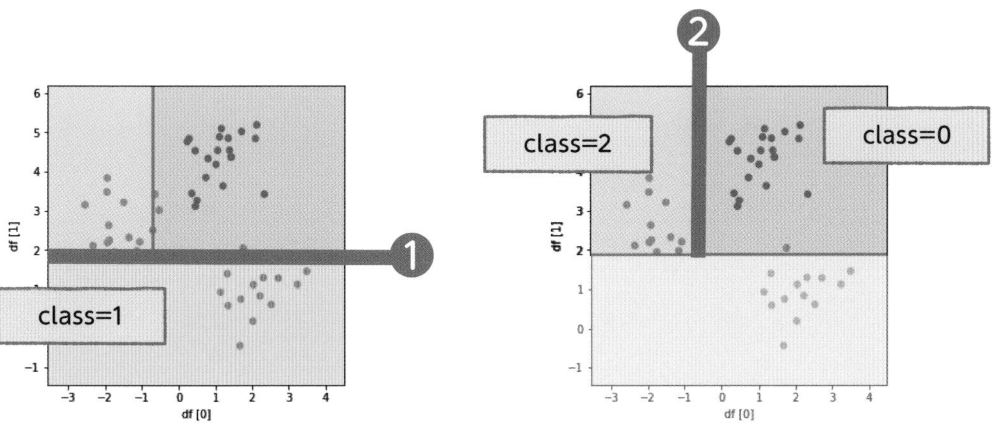

LESSON 16

分類：ランダムフォレスト

【ランダムフォレスト】決定木をたくさん作って多数決で予測をする、精度の高いアルゴリズム

決定木の予測精度を、もっと上げるために考えられたのが、「ランダムフォレスト」だよ。

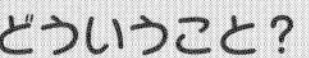

どういうこと？

決定木は複数の条件で分岐を行っていくけど、実は「どんな分岐を行うか」にはいろいろなパターンが考えられる。決定木では、ある１つの有効だと思われるパターンを使って分類したけど、もしかすると別のパターンを使ったほうがよかったという場合もある。

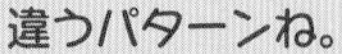

違うパターンね。

そこで、いろいろな分岐パターンの決定木を使って予測をして、その予測結果から多数決で決めるというアルゴリズムなんだ。ランダムな決定木をたくさん集めて作った森だから「ランダムフォレスト」というわけだ。

機械学習の「三人寄ればもんじゅの知恵」なのね。

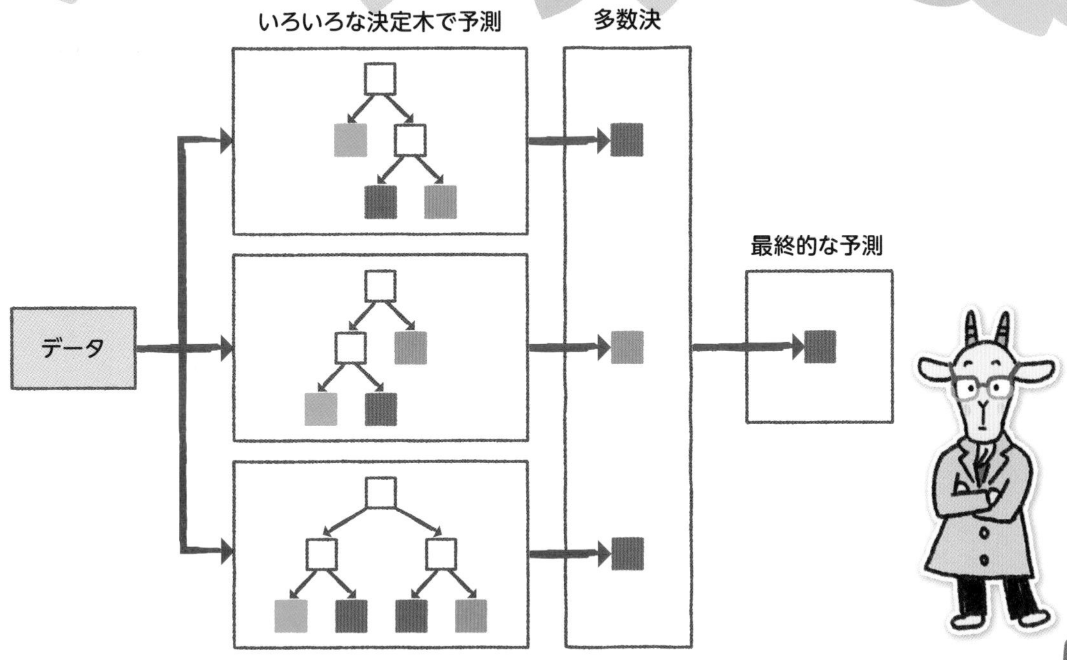

どんなアルゴリズム？

ランダムフォレストは、決定木をたくさん作って多数決で予測をする、精度の高いアルゴリズムです。決定木の予測精度を上げるために考えられた手法です。学習データを分割して、いくつものパターンの決定木を作り、多数決で予測をします。

モデルの使い方

ランダムフォレストのモデルは、RandomForestClassifierで作ります。モデルのfit命令に「説明変数X」と「目的変数y」を渡して、学習させます。

```
モデル = RandomForestClassifier()
モデル.fit(説明変数X, 目的変数y)
```

学習させたモデルに、predict命令で「説明変数X」を渡すと、予測結果が返ってきます。

書式

```
予測結果 = モデル.predict(説明変数X)
```

試してみよう

ランダムフォレストを試してみましょう。決定木のデータをそのまま使いましょう（リスト4.19）。データは用意できているので、③ランダムフォレストのモデルを使って学習させる、④テストデータでテストする、⑤分類の状態を描画する、を行います。

【入力プログラム】リスト4.19

```
from sklearn.ensemble import RandomForestClassifier

# ランダムフォレストの学習モデルを作る（訓練データで）
model = RandomForestClassifier()           ③
model.fit(X_train, y_train)

# 正解率を調べる（テストデータで）
pred = model.predict(X_test)               ④
score = accuracy_score(y_test, pred)
print("正解率:", score*100, "%")

# この学習モデルの分類の状態を描画する（テストデータで）
df = pd.DataFrame(X_test)                  ⑤
plot_boundary(model, df[0], df[1], y_test, "df [0]", "df [1]")
```

出力結果

正解率： 100.0 %

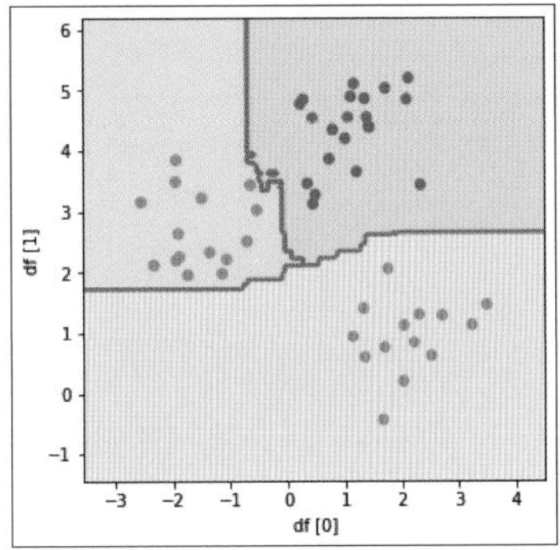

正解率が上がりました。分類は、決定木より複雑に折れ曲がった線で分類されています。より複雑な判断を行っているのがわかります。

分類：k-NN（k近傍法）

【k-NN（k近傍法）】近いものは仲間。近くのk個を調べて、多数決で分類を予測するアルゴリズム

「k-NN（k近傍法）」は、近くにあるデータは仲間という考え方で、調べたい値の近くにあるデータを調べて何の仲間かを予測するアルゴリズムだ。

なんとなくわかる気もするけど、近いことがなんで仲間なの？

散布図って、特徴量を縦軸や横軸にしているよね。例えば、大きさとか、気温といった特徴量の違いでデータを散布させて描画している。ということは、散布図上で遠いものは、特徴が似ていない。逆に近いものは、特徴が似ているということだ。

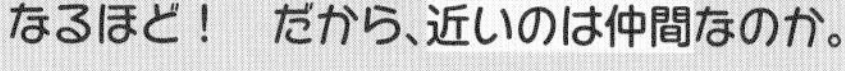

なるほど！　だから、近いのは仲間なのか。

距離が近いと特徴も近い。この考え方で、近くにあるk個の分類を調べ、多数決を取ってどの分類に近いかを予測するというわけだ。

なんだか、機械学習ってすごいのかと思ったら、わたしでも考えそうなことをやってるのね。

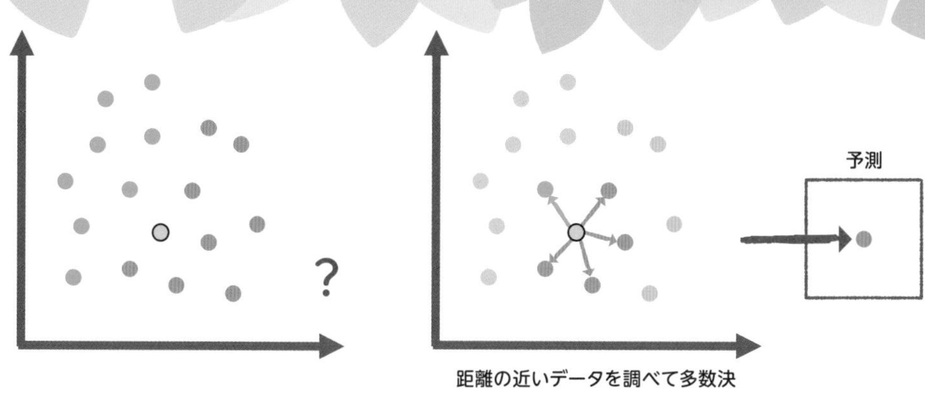

どんなアルゴリズム？

k-NN（k近傍法）は、近いものは仲間と考えて、近くのk個を調べて、多数決で予測するアルゴリズムです。古くからあるシンプルなアルゴリズムで、「その点の近くにあるk個の分類を調べて、多数決でどの分類に属するか」を決めます。

例えば、k個を5個として調べる場合、新しく追加する点から距離の近い5個の点を見つけ、それぞれがどの分類かを調べます。5個の分類でどの分類が一番多いかを調べ、新しい点の分類を予測します。

近くにあるk個の分類を調べる方法なので、k近傍法といいます。k-NNはその英語(k-Nearest Neighbor)の頭文字です。

モデルの使い方

k-NN（k近傍法）のモデルは、KNeighborsClassifierで作ります。モデルのfit命令に「説明変数X」と「目的変数y」を渡して、学習させます。

書式

```
モデル = KNeighborsClassifier()
モデル.fit(説明変数X, 目的変数y)
```

学習させたモデルに、predict命令で「説明変数X」を渡すと、予測結果が返ってきます。

書式

```
予測結果 = モデル.predict(説明変数X)
```

試してみよう

k-NN（k近傍法）を試してみましょう。

決定木やランダムフォレストのデータをそのまま使ってみましょう（リスト4.20）。データは用意できているので、③k近傍法のモデルを使って学習させる、④テストデータでテストする、⑤分類の状態を描画する、を行います。

【入力プログラム】リスト4.20

```
from sklearn.neighbors import KNeighborsClassifier

# k近傍法の学習モデルを作る（訓練データで）
model = KNeighborsClassifier()                    ③
model.fit(X_train, y_train)

# 正解率を調べる（テストデータで）
pred = model.predict(X_test)
score = accuracy_score(y_test, pred)              ④
print("正解率:", score*100, "%")

# この学習モデルの分類の状態を描画する（テストデータで）
df = pd.DataFrame(X_test)                         ⑤
plot_boundary(model, df[0], df[1], y_test, "df [0]", "df [1]")
```

出力結果

```
正解率: 100.0 %
```

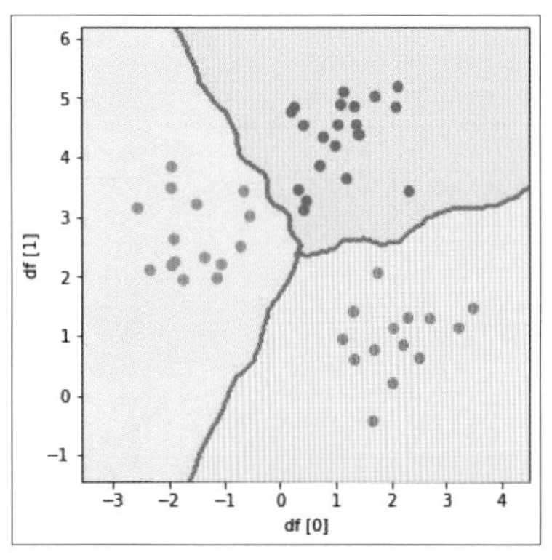

クラスタリング：k-means（k平均法）

【k-means（k平均法）】近いものは仲間。近いもの同士でグループ分けをするアルゴリズム

「k-means（k平均法）」も、近くにあるデータは仲間という考え方を使ったアルゴリズムだ。k近傍法では「これは何なのか？」という分類を調べたけれど、k平均法では、データ全体をグループ分けする。「クラスタリング」というんだ。

グループ分け？

散布図上のデータを見て、距離の近いもの同士でグループ化していく方法だ。

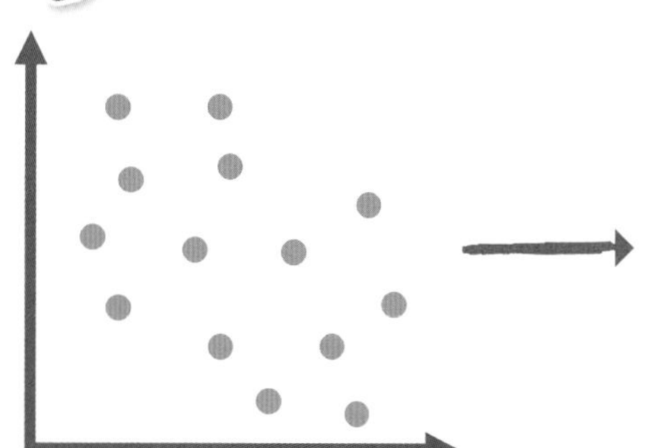

k近傍法とは、何が違うの？

k近傍法は、教師あり学習で、「問題（説明変数）」と「答え（目的変数）」をペアにして学習していったよね。

うん。

でもk平均法は、教師なし学習で、「答え（目的変数）」は与えず、「問題（説明変数）」だけで学習するんだ。

答えは知らないの？　じゃあ、どうやってグループ分けするの？

答えは知らないけど、答えを見つける方法は知っているからできるんだ。それが、グループ分けをするアルゴリズムだよ。

おもしろーい。どんな方法か、教えて〜。

どんなアルゴリズム？

k-means（k平均法）は、近いものは仲間と考えて、近いもの同士でグループ分けをするアルゴリズムです。

「k近傍法」と「k平均法」は、名前が似ていますが違います。k近傍法は「教師あり学習」の分類アルゴリズムで、k平均法は「教師なし学習」のクラスタリングアルゴリズムです。

k平均法では、何グループに分けたいかを指定して、データ全体を指定したグループ数に分割します。そのグループ分けの方法は、基本的に2つの手順をくり返すだけです。

1つ目は「各重心から近い点で、グループ分けをやり直す」で、2つ目は「各グループの平均値を求めて、それを各重心に変更する」です。これをくり返し、重心が変化しなくなるまでくり返せば、グループ分けができるのです。

1. 最初は、指定したグループ数の仮の重心をランダムに決めます。
2. 次に、その重心から近い点を探して、グループ分けをやり直します。

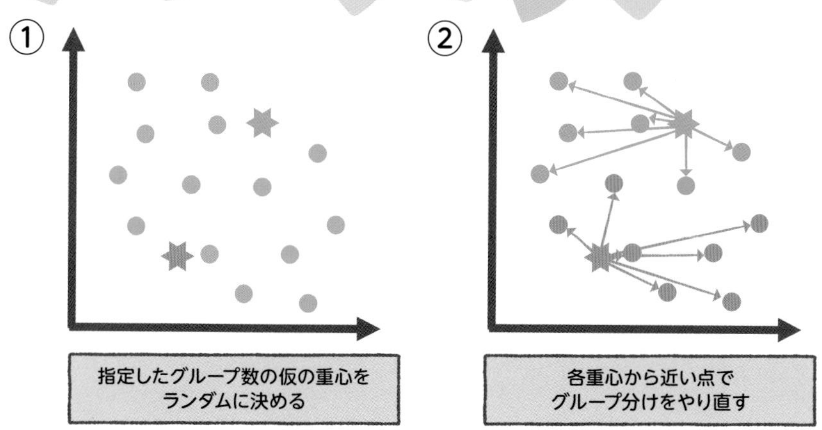

3 今度は、各グループの平均値を求め、それを各重心に変更します。重心が動いていたら、さらに続けます。

4 各重心から近い点を探して、グループ分けをやり直します。

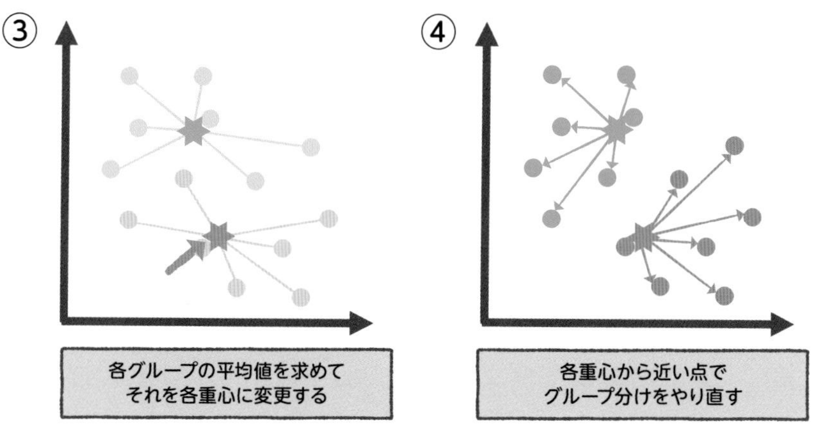

5 また、各グループの平均値を求め、それを各重心に変更します。重心が動いていたら、さらに続けます。

6 各重心から近い点を探して、グループ分けをやり直します。

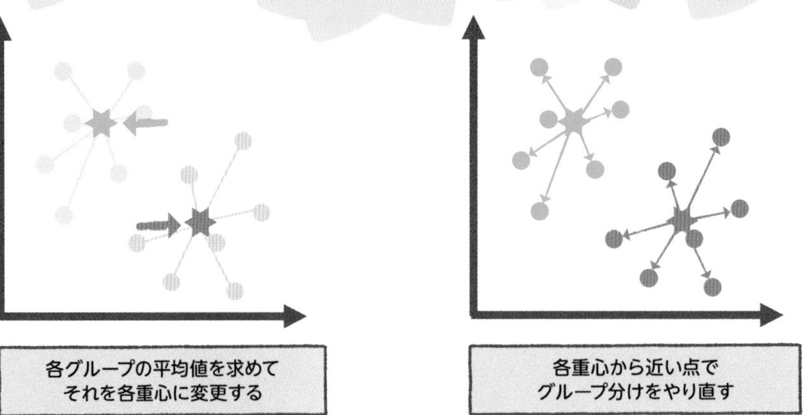

⑦ また、各グループの平均値を求め、それを各重心に変更します。重心が動かなくなったら、グループ分けは終了です。

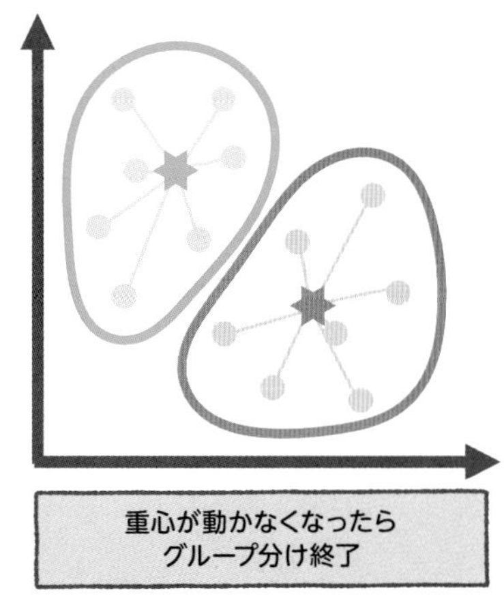

k個のクラスタ（グループ）の平均値を使ってグループ分けをするので、k平均法といいます。

モデルの使い方

k-means（k平均法）のモデルは、KMeansで作ります。モデルのfit命令に「特徴量X」だけを渡して、学習させます。

書式

```
モデル = KMeans(n_clusters=グループ数)
モデル.fit(特徴量X)
```

学習させたモデルに、predict命令で「説明変数X」を渡すと、新しいそのデータがどのグループに属するのかの予測ができます。

書式

```
予測結果 = モデル.predict(説明変数X)
```

試してみよう

k-means（k平均法）を試してみましょう。これも、k近傍法のデータを利用しましょう（リスト4.21）。ただし、k平均法は、教師なし学習です。分割する前の全データの「特徴量X」だけを使います。3つのグループに分けるk平均法のモデルを作って「特徴量X」だけを渡し、グループ分けを考えさせます。その後、できたモデルを使ってその分類の状態を描画しましょう。

LESSON 18

【入力プログラム】リスト4.21

```
from sklearn.cluster import KMeans

# k平均法の学習モデルを作る（3グループに分ける）
model = KMeans(n_clusters=3)
model.fit(X)

# この学習モデルの分類の状態を描画する（全データで）
df = pd.DataFrame(X)
plot_boundary(model, df[0], df[1], y, "df [0]", "df [1]")
```

出力結果

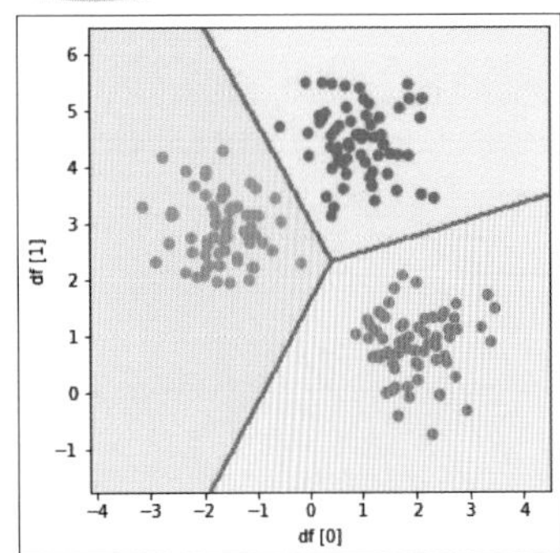

データを3つにグループ分けできました。なんだか当たり前のように思えますね。これをわざと2つのグループに分けてみましょう（リスト4.22）。2つのグループに分けるk平均法のモデルを作って同じようにグループ分けをして、その分類の状態を描画してみます。

【入力プログラム】リスト4.22

```
# k平均法の学習モデルを作る（2グループに分ける）
model = KMeans(n_clusters=2)
model.fit(X)

# この学習モデルの分類の様子を描画する（全データで）
df = pd.DataFrame(X)
plot_boundary(model, df[0], df[1], y, "df [0]", "df [1]")
```

出力結果

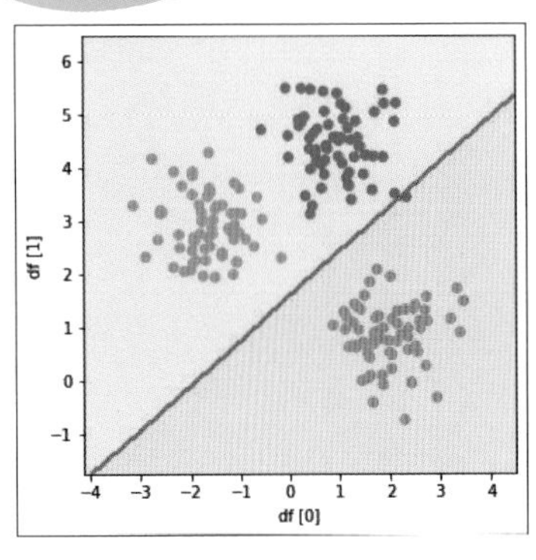

グループ分けができたね。

データを2つにグループ分けできました。青と緑を1つのグループ、赤をもう1つのグループと解釈したようです。

第5章

チノふたたび！
画像から数字を予測しよう

フタバちゃん
チノって
覚えてる？
chino
うん！
もちろん！

ここでは
データをチノに読み込ませて
数字を予測してもらうように
してみるよ
chino
DATA
DATA

Python1年生の頃は
何をしているのか
ピンとこなかったけど
今なら理解できるわ
chino

おお！
頼もしい！

まかせてー！

それじゃあ
一緒に見ていこう！
オッケー！
chino

この章でやること

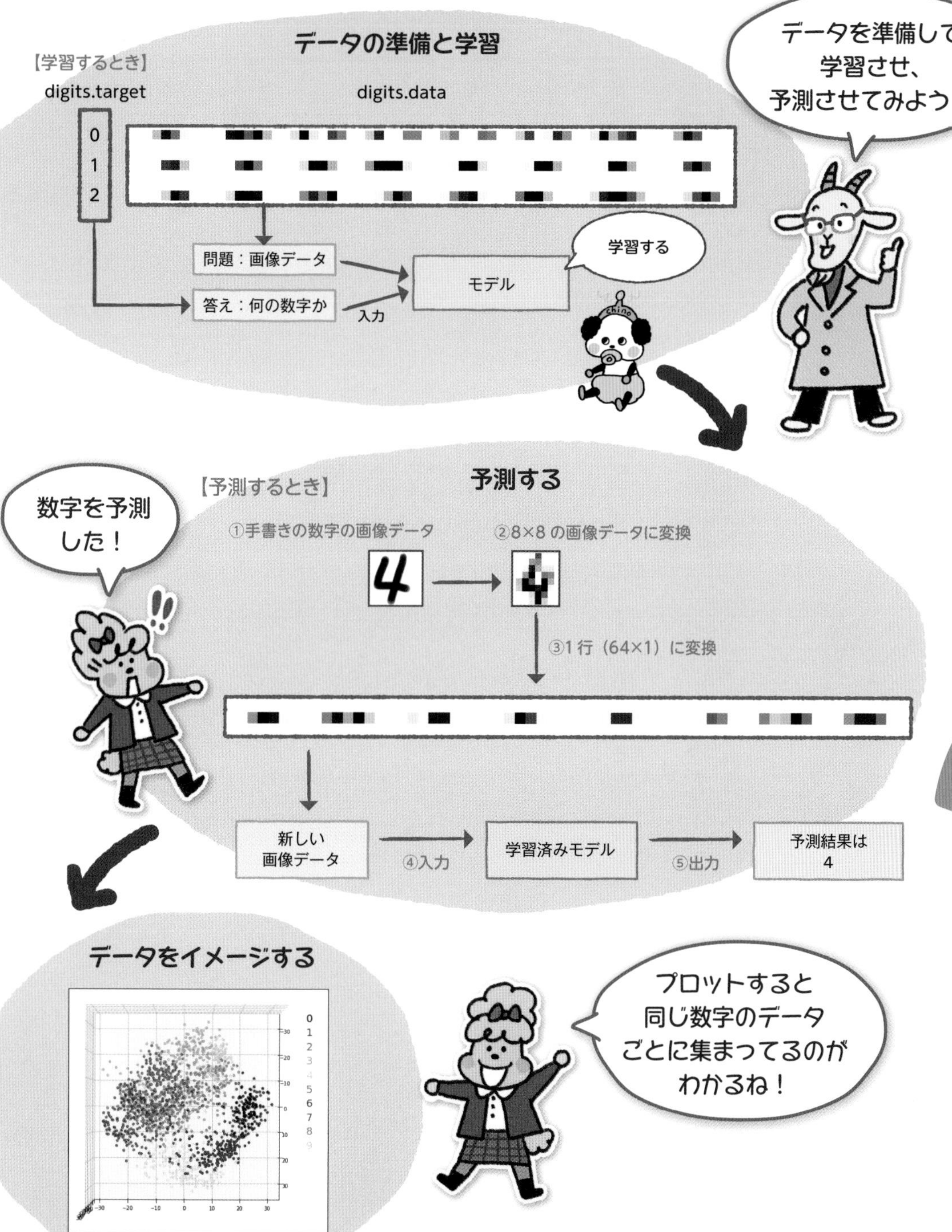
データの準備と学習
【学習するとき】
digits.target
digits.data
0
1
2
問題：画像データ
答え：何の数字か
入力
モデル
学習する
データを準備して
学習させ、
予測させてみよう！
予測する
【予測するとき】
数字を予測
した！
①手書きの数字の画像データ
②8×8 の画像データに変換
③1 行（64×1）に変換
新しい
画像データ
④入力
学習済みモデル
⑤出力
予測結果は
4
データをイメージする
0
1
2
3
4
5
6
7
8
9
プロットすると
同じ数字のデータ
ごとに集まってるのが
わかるね！

データを準備する

「手書きの数字の学習」を行い、「何の数字かを予測する人工知能」を作りましょう。まずは、データを準備します。

自動生成のデータで練習ができたので、今度は具体的なデータで作ってみよう。「手書きの数字画像を入力すると、何の数字かを予測する人工知能」だよ。

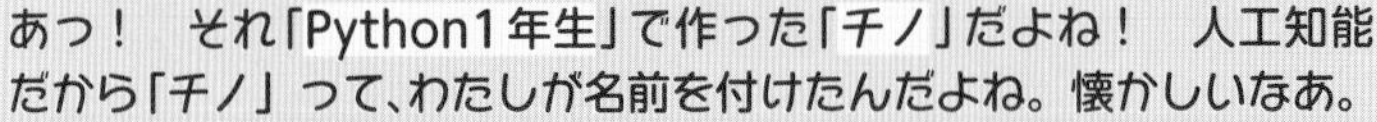

あのときは、機械学習をよく理解しないまま入力して動かしていたけど、今もう一度作れば、何をやっているのか理解できるはずだ。

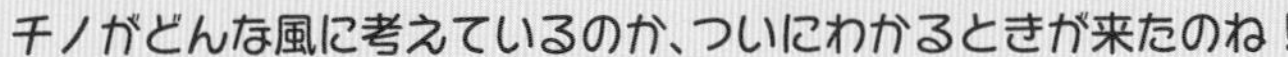

それでは、作っていこう！

全体の流れ

①データを用意する
②データを学習用とテスト用に分ける
③モデルを選んで、学習する
④モデルをテストする
⑤新しい値を渡して、予測する

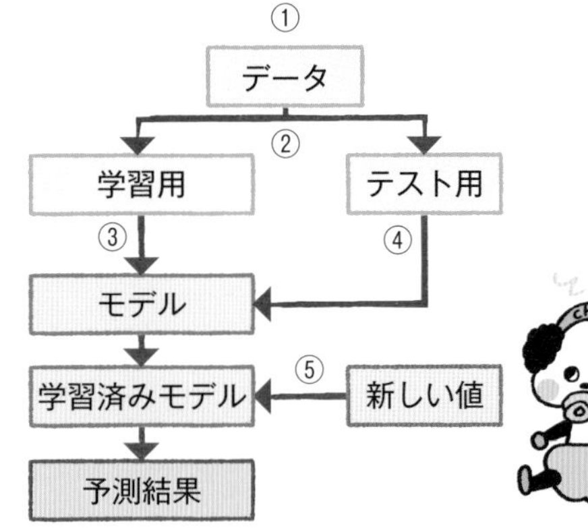

新規ノートブックを作る

最初に、この章のプログラムを書き込んでいくノートブックを用意しましょう。

【Colab Notebookの場合】ダイアログで「ノートブックを新規作成」をクリックします（【Jupyter Notebookの場合】右上の［New▼］メニューから［Python 3］を選択します）。❶左上のファイル名を「MLtest5.ipynb」などに変更しましょう。

MLtest5.ipynb ❶変更
ファイル　編集　表示　挿入　ランタイム
＋コード　＋テキスト

まずは、「①データを用意する」から始めよう（リスト5.1）。digits = load_digits() で、「手書き数字のサンプルデータ」を読み込むんだ。どんなデータなのか、print(digits)で、ざっくりと中身を見てみよう。

【入力プログラム】リスト 5.1

```
import pandas as pd
from sklearn.datasets import load_digits

# データを読み込む
digits = load_digits()
# 中身を確認
print(digits)
```

出力結果

```
{'data': array([[ 0.,  0.,  5., ...,  0.,  0.,  0.],
       [ 0.,  0.,  0., ..., 10.,  0.,  0.],
       [ 0.,  0.,  0., ..., 16.,  9.,  0.],
       ...,
'target': array([0, 1, 2, ..., 8, 9, 8]), 'target_names': ↵
array([0, 1, 2, 3, 4, 5, 6, 7, 8, 9]), 'images': array([[[ 0., ↵
0.,  5., ...,  1.,  0.,  0.],
       (…略…)
'DESCR': ".. _digits_dataset:\n\nOptical recognition of ↵
handwritten digits dataset ... **Data Set Characteristics:**\n\↵
(…略：末尾に表示される表は次ページを参照してください…)
```

LESSON 19

いろいろ入ってるぞ〜。

見出しを見ると、どうやらdata、target、target_names 、images、DESCRなどのデータがあるのがわかるね。DESCRは、descriptionの略だ。「データセットの説明」だね。

ぎゃ。この説明、英語だよ〜。

そんなときは、人工知能に翻訳してもらおう。Google翻訳で「Optical recognition of handwritten digits dataset」と入力すると、「手書き数字データセットの光学的認識」って翻訳されたよ。

人工知能を作るのに、人工知能を使うのか〜。

このあとには細かい説明が書いてあるよ。その説明とデータ名から、dataは「学習用画像データ」、targetは「その画像データに対応する番号」、target_namesは「そのtargetの番号が何の数字か」、imagesは「画像データを8×8に並べて見やすくしたもの」のデータだとわかった。

入っているデータ

データ名	内容
data	学習用画像データ
target	その画像データに対応する番号
target_names	そのtargetの番号が何の数字か
images	画像データを8×8に並べて見やすくしたもの
DESCR	このデータセットの説明文

「画像から数字を予測する学習」をしたいので、「学習用画像データ(digits.data)」と「それが何の数字か(digits.target)」を使って学習を行っていく。まず、digits.dataをデータフレームに読み込もう(リスト5.2)。

【入力プログラム】リスト5.2

```
df = pd.DataFrame(digits.data)
df
```

出力結果

	0	1	2	3	4	5	6	7	8	9	10	11	12	13	14	15	1	57	58	59	60	61	62	63
0	0.0	0.0	5.0	13.0	9.0	1.0	0.0	0.0	0.0	0.0	13.0	15.0	10.0	15.0	5.0	0.0	0	0.0	6.0	13.0	10.0	0.0	0.0	0.0
1	0.0	0.0	0.0	12.0	13.0	5.0	0.0	0.0	0.0	0.0	0.0	11.0	16.0	9.0	0.0	0.0	0	0.0	0.0	11.0	16.0	10.0	0.0	0.0
2	0.0	0.0	0.0	4.0	15.0	12.0	0.0	0.0	0.0	0.0	3.0	16.0	15.0	14.0	0.0	0.0	0	0.0	0.0	3.0	11.0	16.0	9.0	0.0
3	0.0	0.0	7.0	15.0	13.0	1.0	0.0	0.0	0.0	8.0	13.0	6.0	15.0	4.0	0.0	0.0	0.	0.0	7.0	13.0	13.0	9.0	0.0	0.0
4	0.0	0.0	0.0	1.0	11.0	0.0	0.0	0.0	0.0	0.0	0.0	7.0	8.0	0.0	0.0	0.0	0.0	0.0	0.0	2.0	16.0	4.0	0.0	0.0
...	...	...	...	...	...	...	...	...	...	...	...	...	...	...	...	...	...	...	...	...	...	...	...	...
1792	0.0	0.0	4.0	10.0	13.0	6.0	0.0	0.0	0.0	1.0	16.0	14.0	12.0	16.0	3.0	0.0	0.0	0.0	2.0	14.0	15.0	9.0	0.0	0.0
1793	0.0	0.0	6.0	16.0	13.0	11.0	1.0	0.0	0.0	0.0	16.0	15.0	12.0	16.0	1.0	0.0	0.0	0.0	6.0	16.0	14.0	6.0	0.0	0.0
1794	0.0	0.0	1.0	11.0	15.0	1.0	0.0	0.0	0.0	0.0	13.0	16.0	8.0	2.0	1.0	0.0	0.0	0.0	2.0	9.0	13.0	6.0	0.0	0.0
1795	0.0	0.0	2.0	10.0	7.0	0.0	0.0	0.0	0.0	0.0	14.0	16.0	16.0	15.0	1.0	0.0	0.0	0.0	5.0	12.0	16.0	12.0	0.0	0.0
1796	0.0	0.0	10.0	14.0	8.0	1.0	0.0	0.0	0.0	2.0	16.0	14.0	6.0	1.0	0.0	0.0	0.	1.0	8.0	12.0	14.0	12.0	1.0	0.0

1797 rows × 64 columns

1行1行が数字の画像データで、1797行ある。つまり、画像データは1797個あるということだ。

たくさんあるね。

これらが何を表したデータなのかは、target_namesを見ればいい。表示してみよう（リスト5.3）。

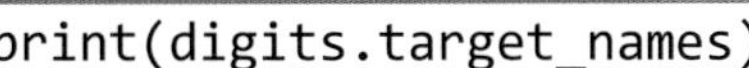

【入力プログラム】リスト5.3

```
print(digits.target_names)
```

出力結果

```
[0 1 2 3 4 5 6 7 8 9]
```

数字が出たよ。

LESSON 19

1797個の画像データは、0～9の数字の画像データということだ。左から順番に並んでいるね。これはtargetが0番なら「数字の0」、1番なら「数字の1」ということを表している。

そういうことか。

わざとそうしてあるんだと思うけど、「target_namesの値」を見なくても、「targetの番号」を見ればそのまま「何の数字か」がわかるようになっている。じゃあ、先頭10行のtargetの値を見てみよう（リスト5.4）。先頭10行の画像データが何の数字かがわかるよ。

【入力プログラム】リスト5.4

```
for i in range(10):
    print(digits.target[i])
```

出力結果

```
0
1
2
3
4
5
6
7
8
9
```

0から9だ。きれいに並んでいるね。

実は、最初の30個ぐらいはきれいに並んでいるんだけど、そのあとはバラバラな順番で入っていたよ。

途中からデータ作るの疲れてきたのかな。

これに対応する画像データも目で見て確認しておこう。先頭10個のdigits.dataの画像を表示してみよう（リスト5.5）。

【入力プログラム】リスト 5.5

```
%matplotlib inline
import matplotlib.pyplot as plt

for i in range(10):
    # 縦に10個並べる
    plt.subplot(10, 1, i + 1)
    plt.axis("off")
    plt.title(digits.target[i])
    plt.imshow(digits.data[i:i+1], cmap="Greys")
plt.show()
```

出力結果

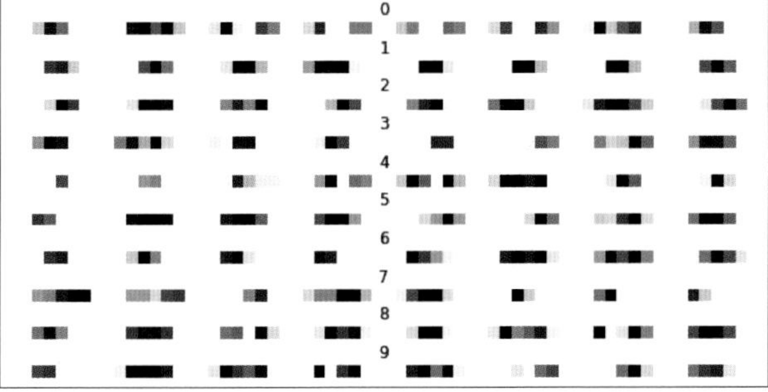

なんじゃこれ？　数字じゃないよ。

これが、0～1の数字の画像データだ。機械学習に渡せるように横1列に並べたデータに変換したものなんだよ。

これを渡すの？　チノはこれを数字だと思って学習するのかあ。

LESSON 19

人間が数字とわかるようにするには、これを8×8に並べる必要がある。その変換をすでに行ってくれているのが、target.imagesだ。これは人間が確認するためのデータだね。これを画像で表示してみよう（リスト5.6）。今度は横に10個並べてみるよ。

【入力プログラム】リスト5.6

```
for i in range(10):
    # 横に10個並べる
    plt.subplot(1, 10, i + 1)
    plt.axis("off")
    plt.title(digits.target[i])
    plt.imshow(digits.images[i], cmap="Greys")
plt.show()
```

出力結果

0 1 2 3 4 5 6 7 8 9

カクカクだけど、これなら数字だってわかるね。

でも、機械学習ではこのフォーマットでは学習できないので、8×8の画像を1行（64×1）に変換したものを学習させるんだ。

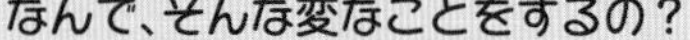

なんで、そんな変なことをするの？

これから使うSVMモデルでは、人間のように「数字の線の曲がり具合から、数字を判断する」といった学習をしているのではないんだ。「64個の説明変数から、数字を判断する」という学習をしているんだよ。

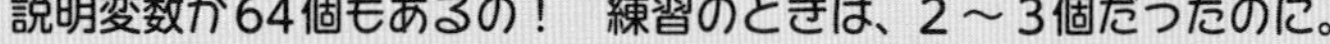

説明変数が64個もあるの！　練習のときは、2～3個だったのに。

人間のような理解をしているわけではないけれど、これだけたくさんの説明変数を使うので、分類ができるというわけなんだ。

チノって、数字をこんな風に考えているのね。

data

	0	1	2	3	4	5	6	7	8	9	10	//	52	53	54	55	56	57	58	59	60	61	62	63
0	0.0	0.0	5.0	13.0	9.0	1.0	0.0	0.0	0.0	0.0	13.0	//	10.0	12.0	0.0	0.0	0.0	0.0	6.0	13.0	10.0	0.0	0.0	0.0

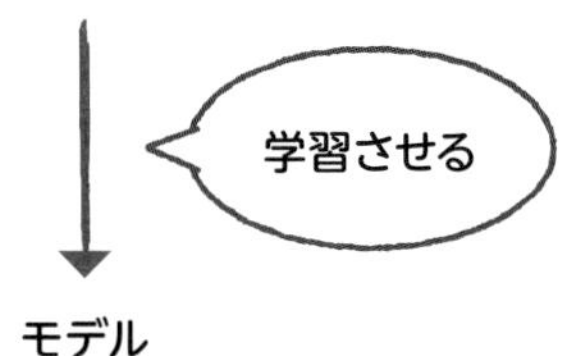

モデル

LESSON 20

学習データを準備する

データを学習用とテスト用に分けて使います。学習用データを準備します。

データの用意ができたので、ここでもう一度「どのように学習して、予測するのか」を整理して考えてみよう。

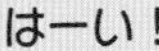

はーい！

「画像から数字を予測する学習」をしたいので、「数字の画像データ（digits.data）」を問題、「何の数字か（digits.target）」を答えとして渡すことで、学習できると考えられる。

で、この「画像データ」って、1行に並べたデータなんだよね。

【学習するとき】

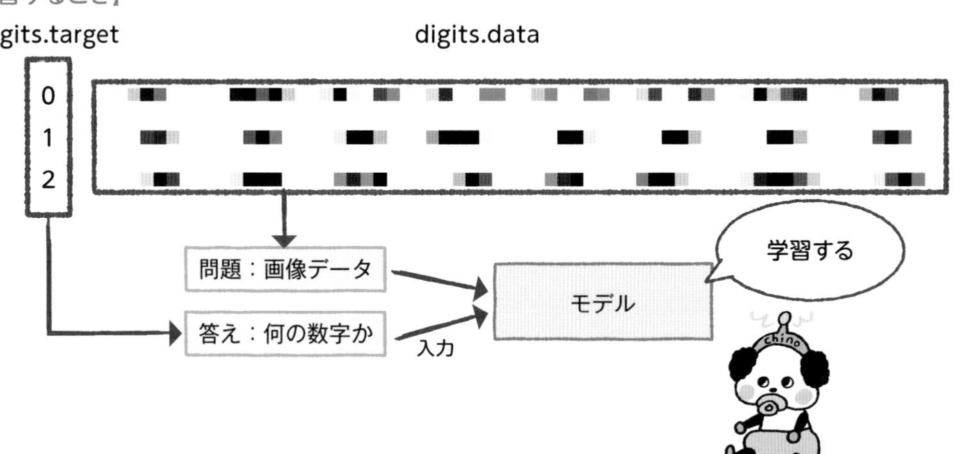

学習ができれば、画像から数字の予測ができるようになる。ただし、このとき渡すデータも「学習したデータと同じフォーマットのデータ」だ。手書きの画像データを、8×8のモザイク画像に変換して、さらに1行(64×1)のデータに変換するという処理が必要だ。

学習したデータと同じに合わせるのね。

【予測するとき】

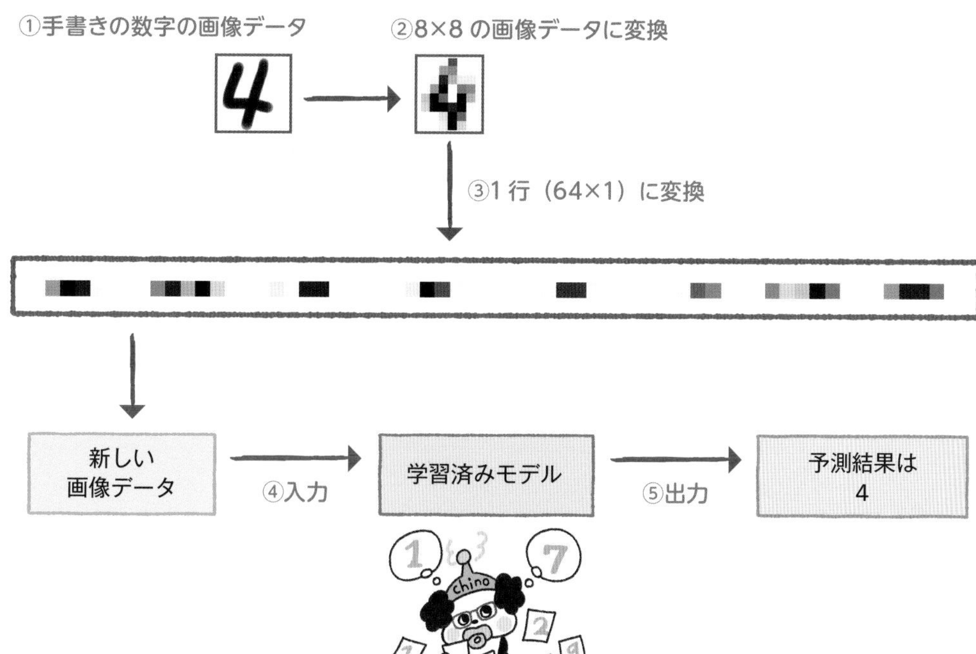

この方向で作れそうだね。では、進めていこう。次は、「②データを学習用とテスト用に分ける」を行うよ。

これって、train_test_splitで、できるんだったよね。

そうだね。数字の画像データ(digits.data)をXに、何の数字か(digits.target)をyに入れて分割しよう(リスト5.7)。75%が学習用として、25%がテスト用として分割されるので、個数を確認してみよう。

【入力プログラム】リスト 5.7

```
from sklearn.model_selection import train_test_split

X = digits.data
y = digits.target

# データを分割する
X_train, X_test, y_train, y_test = train_test_split(X, y, ↵
random_state=0)
print("train=", len(X_train))
print("test=", len(X_test))
```

出力結果

```
train= 1347
test= 450
```

学習用が1347個だから、1797の75%、テスト用が450個だから1797の25%。ちゃんと分割されているね。

LESSON 21

学習させる

モデルを用意して学習させましょう。今回は画像認識の得意なSVMを使って学習させます。

学習用データができたので、次は「③モデルを選んで、学習する」だ。

いよいよ機械学習ね。

モデルには、画像認識でよく使われる「SVM(サポートベクターマシン)」を使うよ。実はあらかじめ試したんだけど、このデータの場合、非線形分類のkernel="rbf"にして、境界線の複雑さは「gamma=0.001」にするとよかったので、これでいきましょう。

ハカセ、わたしのために下調べをしてくれたのね。ありがとう。

学習のプログラムはあっという間なので、ついでに「④モデルをテストする」も一緒にやってしまうよ。

学習モデルには、「SVM（サポートベクターマシン）」を使います。さらに、非線形分類のkernel="rbf"にして、境界線の複雑さはgamma=0.001にします（リスト5.8）。

モデルの作成

```
model = svm.SVC(kernel="rbf", gamma=0.001)
```

ちなみに、svm.SVCでは、kernel="rbf"がデフォルトなので、kernelの指定を書かなければ、自動的にrbfの非線形分類が選ばれます。そのため「Python1年生」では省略していました。

モデルの作成（Python1年生）

```
model = svm.SVC(gamma=0.001)
```

モデルができたら、これに「学習用データの問題（X_train）」と「答え（y_train）」を渡して学習させます。

```
model.fit(X_train, y_train)
```

【入力プログラム】リスト5.8

```
from sklearn import svm
from sklearn.metrics import accuracy_score

# ガウスカーネル法のSVMで学習モデルを作る（訓練データで）
model = svm.SVC(kernel="rbf", gamma=0.001)
model.fit(X_train, y_train)

# 正解率を調べる（テストデータで）
pred = model.predict(X_test)
score = accuracy_score(y_test, pred)
print("正解率:", score*100, "%")
```

出力結果

```
正解率: 99.55555555555556 %
```

わお。正解率99.5%だって。

ただしこれは、「学習させたのと同じような画像データ」の場合の正解率だからね。「学習させたのと全然違う数字の画像データ」を渡すと正解率は下がっちゃうよ。

予測させる

いよいよ、手書きの画像を渡して、予測させましょう。しかし、そのままでは渡せません。機械学習に渡せる形式へのデータ変換が必要です。

学習ができたから、いよいよ「⑤ 新しい値を渡して、予測する」へと進みましょう。

やった～！

ただし！「渡す手書きの画像を、学習したデータと同じフォーマットに合わせる」という予測の準備が必要ですぞ。

え～。もう完成だと思ったのにな。

データを渡すときの処理は重要だよ。ノートブックの場合、以下の5つの手順で、画像データを読み込んでフォーマットを変更することができる。

①画像ファイルをノートブックにアップロード
②画像を読み込んで、グレースケール（白～灰色～黒）の画像に変換
③8×8 の画像に変換
④色の濃さを、0～16 の 17 段階に変換
⑤8×8 のデータを 1 行のデータに変換

まずは、「①画像ファイルをノートブックにアップロード」をしよう。

サンプル用の画像ファイルは、10ページのダウンロードサイトからダウンロードすることができます。自分で作った画像でも利用できますが、学習データの数字と同じぐらいの濃さ、太さ、大きさで書いた画像を使うようにしてください。

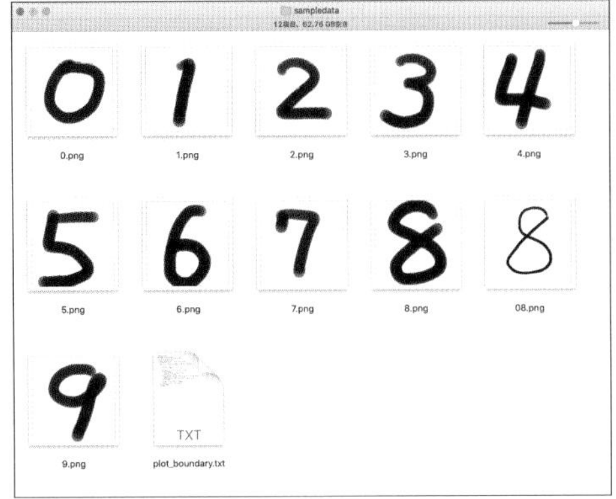

【Colab Notebookでアップロードする場合】

1 フォルダを開く

ノートブック左にある❶フォルダアイコンをクリックすると、ノートブック上でフォルダが開いて表示されます。

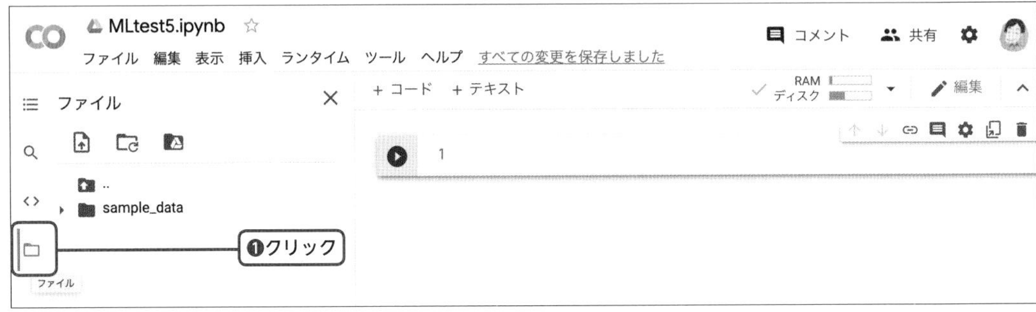

② ファイルを選ぶ

左の❶［アップロード］ボタンをクリックして、アップロードしたいファイルを選びます。数字の画像をいくつかアップロードしておきましょう。

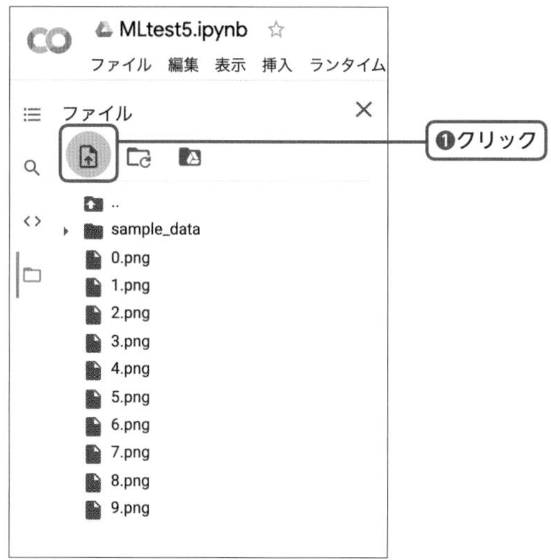

※Colab Notebookでは、アップロードしたファイルは、「実行して12時間以上経ったとき」や「パソコンを閉じて90分経ったとき」に自動削除されてしまいます。そのため、次の日に続きをしようとしたらファイルが消えていることがあります。そのときは、またアップロードしましょう。

【Jupyter Notebookでアップロードする場合】

① フォルダを開く

ノートブックのメニューから❶［File］→［Open...］を選択すると、ノートブックが保存されているフォルダが表示されます。

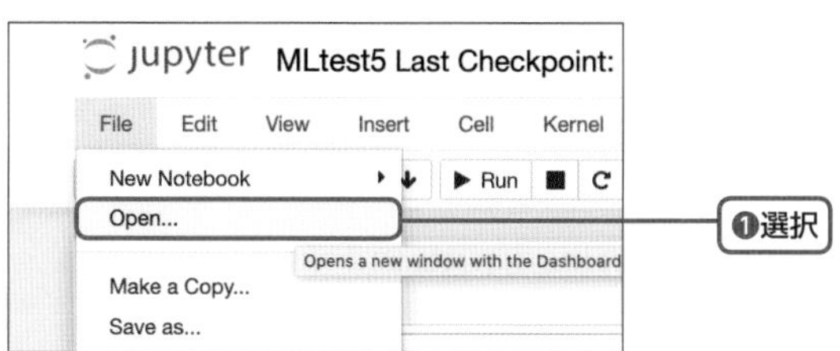

② ファイルを選ぶ

右の❶［Upload］ボタンをクリックして、アップロードしたいファイルを選びます。

③ アップロードを実行

アップロードの確認状態になり、右に❶［Upload］ボタンが表示されるのでクリックすると、ファイルがアップロードされます。数字の画像をいくつかアップロードしておきましょう。

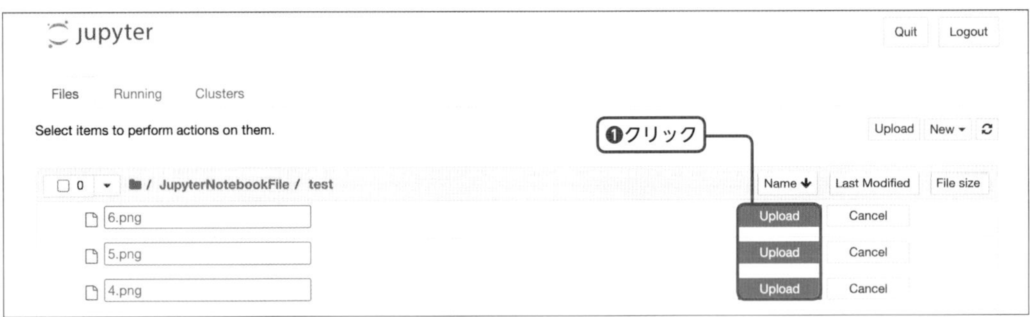

※ Jupyter Notebookでアップロードしたファイルは、自動削除されることはありません。

④ ノートブックを開き直す

最後に、ノートブックを選択して開き直すと、アップロードしたファイルを使えるようになります。

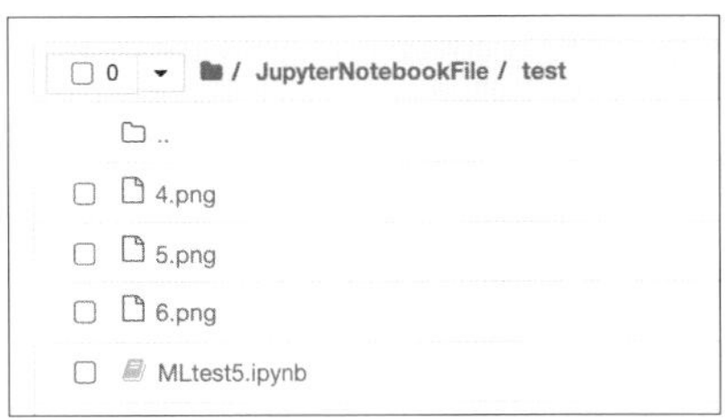

ファイルをアップロードできたら「②画像を読み込んで、グレースケールの画像に変換」するよ。

画像を読み込んで数字を予測する

まず、画像処理のPIL（pillow）ライブラリを読み込んでおきます。

書式：PILのインポート

```
from PIL import Image
```

画像ファイルの読み込みは、Image.open(画像ファイル名)で行えます。さらにこれをグレースケールに変換したいので、グレースケールに変換する命令の、convert("L")を追加します。

書式：グレースケール変換

```
image = Image.open(画像ファイル名).convert("L")
```

読み込んだ画像を、plt.imshow(image, cmap="gray")の命令を使ってグレースケールで描画して確認してみましょう（リスト5.9）。

【入力プログラム】リスト 5.9

```
from PIL import Image
import matplotlib.pyplot as plt

image = Image.open("4.png").convert("L")

plt.imshow(image, cmap="gray")
plt.show()
```

出力結果

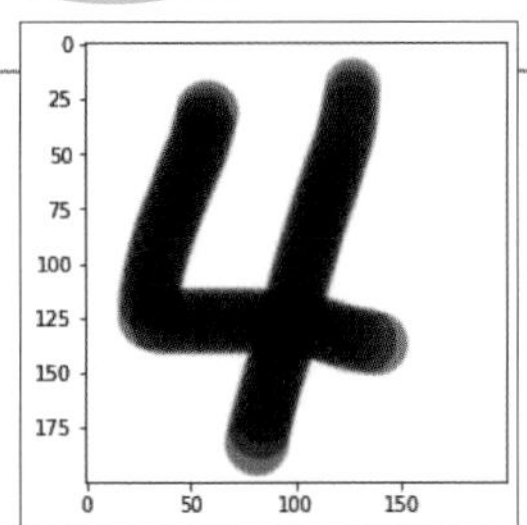

読み込んだ画像がノートブックの中に表示されたよ！

画像ファイルをグレースケールで読み込めたので、次は「③8×8の画像に変換」だ（リスト5.10）。 image.resize((8, 8), Image.ANTIALIAS) 命令を実行するだけで、8×8の画像に変換できるぞ。

【入力プログラム】リスト5.10

```
image = image.resize((8, 8), Image.ANTIALIAS)
plt.imshow(image, cmap="gray")
plt.show()
```

出力結果

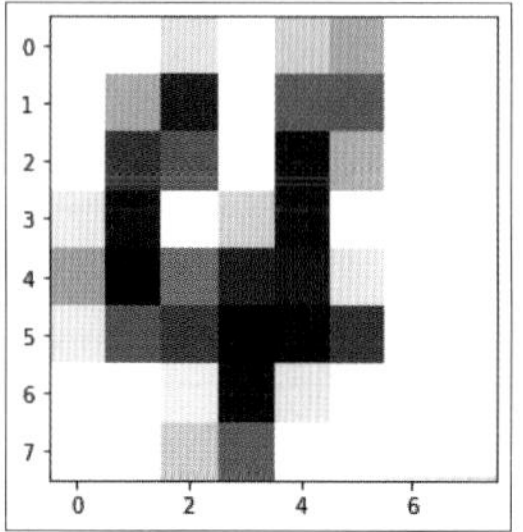

カクカクのモザイク文字になったね。

次は、「④色の濃さを、0～16の17段階に変換」だけど、その前に画像データがどんな数値なのかを見てみよう（リスト5.11）。数値計算ライブラリのnumpyの、np.asarray(image, dtype=float)命令を使うと、8×8の画像の色の濃さを数値化できるので、確認しよう。

【入力プログラム】リスト5.11

```
import numpy as np
img = np.asarray(image, dtype=float)
print(img)
```

出力結果

```
[[255. 249. 219. 255. 205. 178. 255. 253.]
 [254. 181.  56. 255. 117. 115. 255. 251.]
```

```
[255.  82. 112. 255.  44. 184. 255. 252.]
[228.  41. 250. 212.  46. 255. 255. 254.]
[175.  12. 136.  69.  59. 225. 253. 255.]
[228. 112.  89.  16.  33.  80. 244. 255.]
[255. 255. 236.  37. 227. 244. 253. 255.]
[252. 251. 206. 120. 255. 255. 255. 255.]]
```

33とか、255とか数字がいろいろあるね。

これは、黒が最小値の0、白が最大値の255というデータになっているんだ。つまり、0～255のデータなんだけど、これを16.0～0.0に変換したいんだ。学習に使ったデータは、「白が16.0、黒が0.0」の17段階のデータだったけど、読み込んだ画像データは「白が0.0、黒が255.0」の白黒逆の256段階のデータだからだ。

なんかいい方法ないの？

numpyを使って計算すると、たくさんのデータも一度に計算できるんだよ（リスト5.12）。

へー。

0～255を17×値÷256で計算すると、0.0～16.93の値になる。この小数点以下を np.floor命令 で切り捨てると、0.0～16.0になる。つまり、16 - np.floor(17*img/256)という式で、0～255を白黒逆の16.0～0.0に変換できるんだ。

なるほど～。

【入力プログラム】リスト5.12

```
img = 16 - np.floor(17*img/256)
print(img)
```

出力結果

```
[[ 0.  0.  2.  0.  3.  5.  0.  0.]
 [ 0.  4. 13.  0.  9.  9.  0.  0.]
```

LESSON 22

```
 [ 0. 11.  9.  0. 14.  4.  0.  0.]
 [ 1. 14.  0.  2. 13.  0.  0.  0.]
 [ 5. 16.  7. 12. 13.  2.  0.  0.]
 [ 1.  9. 11. 15. 14. 11.  0.  0.]
 [ 0.  0.  1. 14.  1.  0.  0.  0.]
 [ 0.  0.  3.  9.  0.  0.  0.  0.]]
```

ほんとだ。255～0が、0～16に変わってる。

最後に「⑤8×8のデータを1行のデータに変換」（リスト5.13）をしよう。flatten命令を実行すると、2次元配列を1次元配列に変換できるんだ。

【入力プログラム】リスト5.13

```
img = img.flatten()
print(img)
```

出力結果

```
[ 0.  0.  2.  0.  3.  5.  0.  0.  0.  4. 13.  0.  9.  9.  0. ↵
0.  0. 11.
  9.  0. 14.  4.  0.  0.  1. 14.  0.  2. 13.  0.  0.  0.  5. ↵
16.  7. 12.
 13.  2.  0.  0.  1.  9. 11. 15. 14. 11.  0.  0.  0.  0.  1. ↵
14.  1.  0.
  0.  0.  0.  0.  3.  9.  0.  0.  0.  0.]
```

1行にできたね。ここで、もともとの画像データのフォーマットを確認してみよう（リスト5.14）。

【入力プログラム】リスト5.14

```
print(digits.data[0:1])
```

出力結果

```
[[ 0.  0.  5. 13.  9.  1.  0.  0.  0.  0. 13. 15. 10. 15.  5. ↵
0.  0.  3.
  15.  2.  0. 11.  8.  0.  0.  4. 12.  0.  0.  8.  8.  0.  0. ↵
5.  8.  0.
   0.  9.  8.  0.  0.  4. 11.  0.  1. 12.  7.  0.  0.  2. 14. ↵
5. 10. 12.
   0.  0.  0.  0.  6. 13. 10.  0.  0.  0.]]
```

もともとの画像データは2次元配列の形式で、この形式で学習させていたんだね。だからこれに合わせて、1行にしたデータをリストに入れて、[img]という形式で渡すことにしよう。

これで、予測の準備は完了？

準備完了だ。それでは、model.predictで予測をするよ。[img]を渡してみよう（リスト5.15）。

【入力プログラム】リスト5.15

```
predict = model.predict([img])
print("予測=",predict)
```

LESSON 22

出力結果

```
予測= [4]
```

やったー、できた！　たった2行で、あっさり予測できちゃったね。

それまでの準備が重要なんだね。

別の数字も調べてみようよ。

じゃあ、別の画像で予測してみよう（リスト5.16）。6.pngを読み込んで、グレースケールにして、8×8に変換して、色の濃さを0～16に変換して、1行のデータに変換する。「学習済みモデル」はできているから、あとは予測するだけだ。その画像も表示させて確認してみるよ。

【入力プログラム】リスト5.16

```
image = Image.open("6.png").convert('L')
image = image.resize((8, 8), Image.ANTIALIAS)
img = np.asarray(image, dtype=float)
img = 16 - np.floor(17*img/256)
img = img.flatten()

predict = model.predict([img])
print("予測=",predict)

plt.imshow(image, cmap="gray")
plt.show()
```

出力結果

```
予測= [6]
```

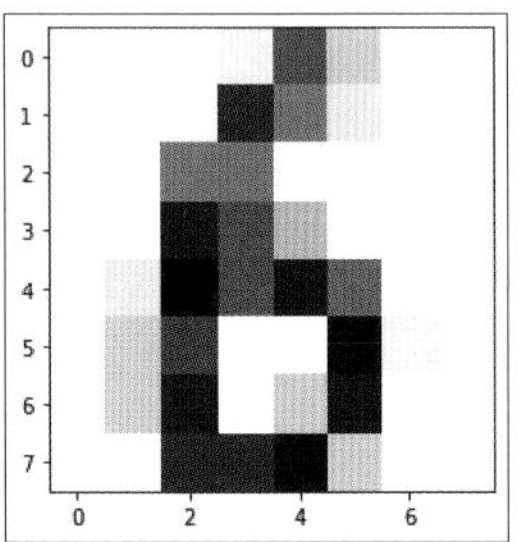

できたできた～！　チノ、ちゃんと何の数字か理解してるね。

LESSON
23

教師なし学習を利用して、データをイメージしよう

今回使った数字画像のデータがどのようなものなのかを、イメージしてみましょう。次元削減を使って 3D グラフで表示してみます。

でもね。わたし、まだいまいちイメージできないのよ。どうしてあんな、「しましま模様の棒」を学習しただけなのに、ちゃんと区別できるのかしら。

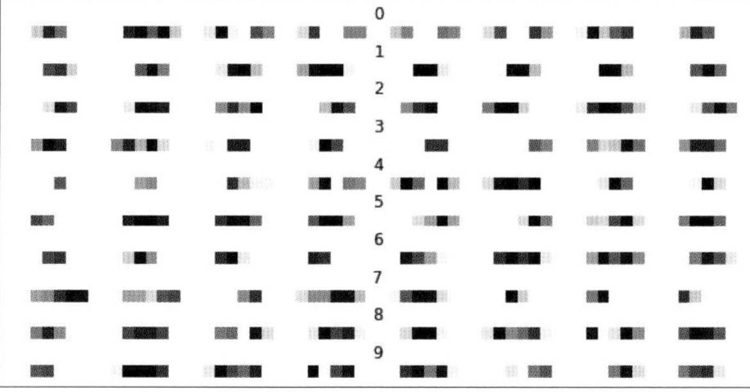

じゃあ、その「しま模様の学習データにどういう違いがあるか」を、可視化してみようか。SVMで学習する前の段階の可視化だけど、少しは、イメージできるかも。

やったね！　これもplot_boundary関数を使うのかな。

いやいや、使えない。あれは、2個の説明変数で2次元グラフ上に描画する関数だからだ。今回の学習データでは、64個の説明変数がある。つまり、64次元だ。

LESSON 23

なにそれ〜っ！ 64次元？ そんなのどうすりゃいいの？

こういうときに便利な機械学習があるよ。ほら、教師なし学習には、「クラスタリング」の他に、複雑なデータを簡潔にまとめる「次元削減」があるっていったでしょう。

う……。忘れてる。

次元削減は、「主成分分析（PCA）」という統計手法で、たくさんの特徴量をまとめて次元を減らすことができるんだ。例えば、64次元の特徴量を3次元の特徴量に減らすこともできる。3次元にまで減らせれば、3Dグラフで描画できるというわけだ。

なんだか……。SFみたいね。

でも、使い方はとっても簡単だよ。3次元に減らしたいときは、decomposition.PCA(n_components=3)と命令してモデルを作っておく。そしてそのモデルに特徴量データを渡すだけだ。pca.fit_transform(X)と命令して返ってきたものが、特徴量がまとまって3個に減ったデータだ。

例：特徴量を 3 次元に減らす

```
pca = decomposition.PCA(n_components=3)
features3 = pca.fit_transform(X)
```

「64個の説明変数を持つ学習データ（digits.data）」を、この主成分分析を使って、3個の説明変数に減らして、3D散布図上に描画してみよう。わかりやすくするため、それぞれの点を色分けしよう。

なんだか楽しそう。

「何の数字なのか（digits.target）」を、用意した色に割り当て描画するんだ。

リスト5.17のプログラムを入力して実行してみましょう。

【入力プログラム】リスト5.17

```
from sklearn.datasets import load_digits
from sklearn import decomposition
from mpl_toolkits.mplot3d import Axes3D

digits = load_digits()
X = digits.data
y = digits.target

# 0~9の色名を用意する
numbercolor = ["BLACK","BROWN","RED","DARKORANGE","GOLD",
               "GREEN","BLUE","PURPLE","GRAY","SKYBLUE"]
# yの値を色名に変えて、colorsリストを作る
colors = []
for i in y:
    colors.append(numbercolor[i])

# 主成分分析で、64個の特徴量を3個へと次元を減らす
pca = decomposition.PCA(n_components=3)
features3 = pca.fit_transform(X)

# 3個へ減らしたデータ（features3)で、データフレームを作る
df = pd.DataFrame(features3)

# 3D散布図の準備
fig = plt.figure(figsize=(12, 12))
ax = fig.add_subplot(projection='3d')
# 3個の特徴量をX,Y,Zにして、各点の数字に対応する色で散布図を描画
ax.scatter(df[0], df[1], df[2], color=colors)

# 数字がどの色かの見本を描画
ty = 0
for col in numbercolor:
    ax.text(50, 30, 30-ty*5, str(ty), size=20, color=col)
    ty+=1
plt.show()
```

出力結果

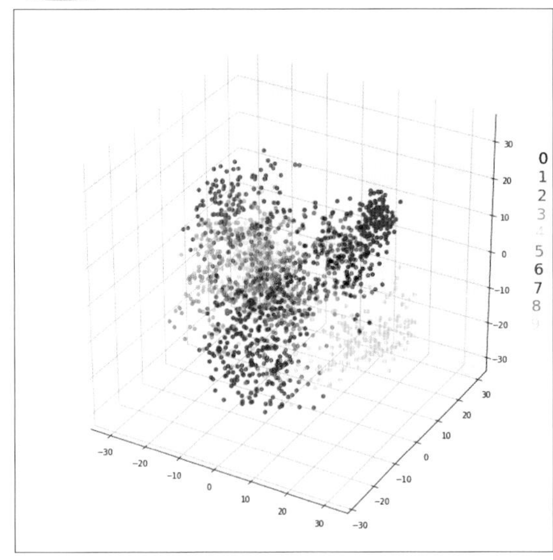

すっごーい！ 数字ごとに集まりができているのがわかるね。

赤色の「2」と、オレンジ色の「3」は近いところにあるのがわかるね。

確かに。「2」と「3」って形が似てるよね。でも、黄色い「4」は遠いところにある。違いが大きいんだね。

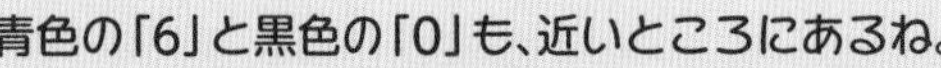

青色の「6」と黒色の「0」も、近いところにあるね。

確かに。「6」と「0」も似てるよね。でも、これじゃあ混ざってて区別ができないよ。

じゃあ、視点を変えてみよう（リスト5.18）！ 解決策が見つかるかもしれないよ。

あっ！ 視点変更！ また出てきた！

【入力プログラム】リスト5.18

```
# 視点を変えて描画
fig = plt.figure(figsize=(12, 12))
ax = fig.add_subplot(projection='3d')
# 各点の数字に対応する色で散布図を描画
ax.scatter(df[0], df[1], df[2], color=colors)

# 数字がどの色かの見本を描画
ty = 0
for col in numbercolor:
    ax.text(-30+ty*5, 40, 30, str(ty), size=20, color=col)
    ty+=1
ax.view_init(90,0)
plt.show()
```

出力結果

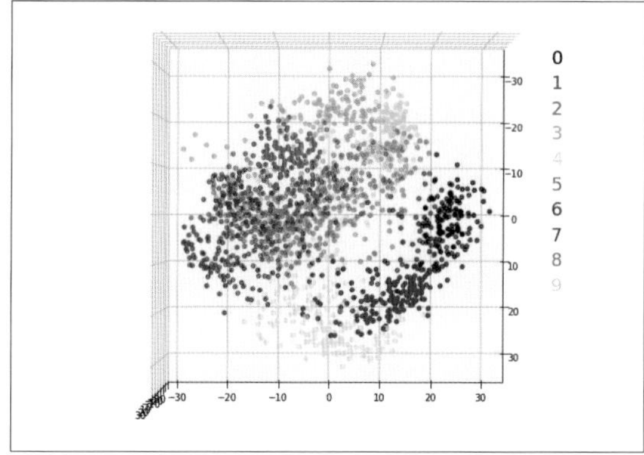

な～るほど。青色と黒色が分かれてる。これだと、「6」と「0」の違いがわかるね。

こうして視覚化するといろいろ発見できるね。

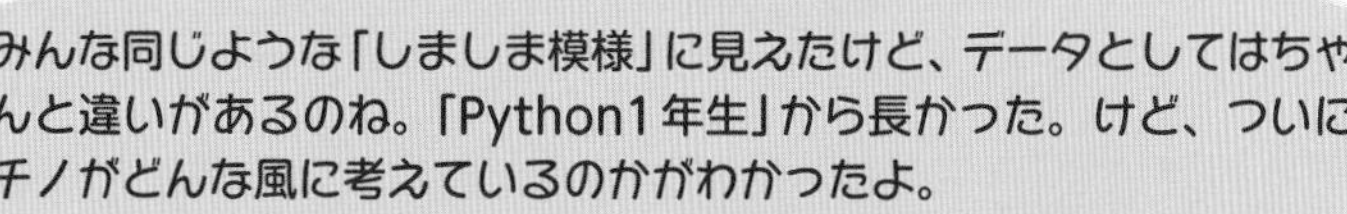

みんな同じような「しましま模様」に見えたけど、データとしてはちゃんと違いがあるのね。「Python1年生」から長かった。けど、ついにチノがどんな風に考えているのかがわかったよ。

LESSON 23

さらに先へ進もう

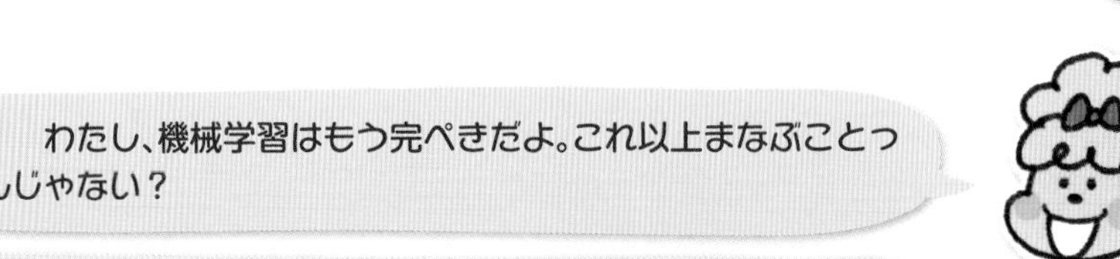

よくがんばりました。えらかったね。でも、機械学習はまだまだこれからだ。ざっくりと説明しただけだよ。

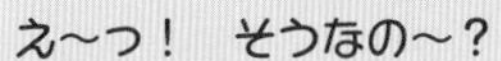

人工知能で一番有名な「ディープラーニング（深層学習）」の解説はしなかったんだ。ニューラルネットワークのしくみなどからじっくり学習していく必要があるからね。

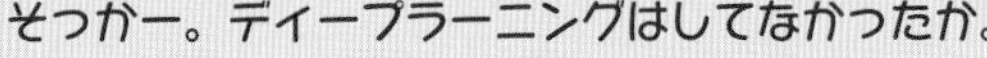

一般的な機械学習では「この特徴量に注目して学習しなさい」と人間が教えてあげる必要がある。でも、ディープラーニングは「何に注目すればいいか」までコンピュータ自身で見つけてしまう方法なんだ。人間では見つけられない特徴を使って学習をするから、飛躍的にすごい判断ができるようになる。

すごーい。

その代わり「どのように判断しているか」が人間にわかりくかったりする。面白いよね。

そういうデメリットもあるのか。

また「AIを実用化する話」もしていないよね。とりあえず実験的に動かしてはみたけれど、「実際の業務にAIを取り入れたり、AIを利用したアプリを作る」には、検証したり、パラメータを調整したり、過学習を抑えたりと、いろいろ考える必要がある。

がんばりまーす。

まだまだ奥は深いんだよ。

機械学習をやって、わたしも学習したよ！　本に書いてあることをただ丸暗記するだけじゃだめで、意味を考えて理解することが大事なんだよね。

索引

●著者プロフィール

森 巧尚（もり・よしなお）

『マイコンBASICマガジン』（電波新聞社）の時代からゲームを作り続けて、現在はコンテンツ制作や執筆活動を行い、関西学院大学非常勤講師、関西学院高等部非常勤講師、成安造形大学非常勤講師、大阪芸術大学非常勤講師、プログラミングスクールコプリ講師などを行っている。
近著に、『Python1年生』『Python2年生 スクレイピングのしくみ』『Python2年生 データ分析のしくみ』『Java1年生』『動かして学ぶ！ Vue.js開発入門』（いずれも翔泳社）、『ゲーム作りで楽しく学ぶ Pythonのきほん』『楽しく学ぶ Unity2D超入門講座』『楽しく学ぶ Unity3D超入門講座』（いずれもマイナビ出版）などがある。

装丁・扉デザイン　大下 賢一郎
本文デザイン　株式会社リブロワークス
装丁・本文イラスト　あらいのりこ
漫画　ほりたみわ
編集・DTP　株式会社リブロワークス

Python（パイソン）3年生 機械学習のしくみ

体験してわかる！ 会話でまなべる！

2021年12月 6日 初版第1刷発行

著　者　森 巧尚（もり・よしなお）
発 行 人　佐々木 幹夫
発 行 所　株式会社 翔泳社（https://www.shoeisha.co.jp）
印刷・製本　株式会社シナノ

ISBN978-4-7981-6657-5
Printed in Japan

ISBN978-4-7981-6657-5
C3055 ¥2200E

株式会社翔泳社
定価：本体2,200円+税

B2-23
プログラミング・開発

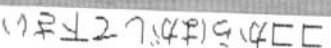